EL PODER DE LA SUPLEMENTACIÓN

Dra. Odile Fernández

EL PODER DE LA SUPLEMENTACIÓN

Una guía práctica para integrar los complementos alimenticios en tu rutina y potenciar tu salud

Planeta

Título original: *El poder de la suplementación*

Av. Diagonal, 662-664, 08034 Barcelona (España)
www.editoriaplaneta.es
www.planetadelibros.com

Diseño de interior: Dímeloengráfico
Ilustraciones de interior: © Dímeloengráfico, © Anggara / Flaticon

Primera edición: febrero de 2026
Depósito legal: B. 139-2026
ISBN: 978-84-08-31519-3
Composición: Realización Planeta
Impresión y encuadernación: Egedsa
Printed in Spain - Impreso en España

PEFC Certificado
Este libro procede de bosques gestionados de forma sostenible
PEFC
PEFC/14-38-00305
www.pefc.es

Para mis hijos, Nacho, Iker y Eire,
que me habéis acompañado en los días más
duros y también en los más luminosos.
Vuestra risa me cura, vuestra mirada me
impulsa, vuestro amor me sostiene.

ÍNDICE

Introducción. El camino hacia una vida plena **11**

Vivimos en una época en la que el acceso a la información nos permite tomar mejores decisiones para nuestra salud, pero también puede abrumarnos. Entre dietas de moda, rutinas de ejercicio y una oferta creciente de suplementos, es difícil saber qué funciona realmente y qué es solo un mito.

Este libro está diseñado para ser tu guía práctica, basada en la ciencia, para integrar la suplementación dentro de un estilo de vida saludable de manera que alcances el bienestar de forma sencilla y efectiva.

1. Fundamentos de la salud integral **21**

La salud es como un taburete con tres patas: nutrición, ejercicio y descanso. La suplementación no es un sustituto de estos pilares, sino un complemento que optimiza su funcionamiento. Comenzaremos entendiendo cómo estas tres áreas interactúan y cómo los suplementos pueden marcar una diferencia cuando se utilizan de manera inteligente y personalizada.

¡Además, aprenderás a identificar lo que realmente necesitas en función de tus objetivos y de tu estilo de vida!

2. Suplementos esenciales para cada etapa de la vida **33**

Desde la infancia hasta la vejez, las necesidades de nuestro cuerpo cambian. Descubriremos cómo ciertos nutrientes son fundamentales en momentos específicos, como el ácido fólico durante el embarazo, la vitamina D para los niños en crecimiento o el colágeno y el magnesio favorecen un envejecimiento saludable.

Exploraremos cómo identificar deficiencias comunes, cuándo y cómo incorporar suplementos específicos, y las dosis adecuadas, y los riesgos de sobreconsumo.

3. Nutrición y suplementos: una relación inseparable 67

Ningún suplemento puede compensar una dieta deficiente. Por eso, aprenderemos cómo optimizar nuestra alimentación para que sea la base de nuestro bienestar. Analizaremos los mejores alimentos para potenciar la absorción de nutrientes y cómo evitar combinaciones que la inhiben.

4. Suplementación para el cerebro y la salud mental 93

El estrés, la ansiedad y la falta de concentración son comunes en nuestra era moderna. La ciencia ha demostrado que nutrientes como los omega 3, el magnesio y ciertos adaptógenos pueden ser aliados poderosos. ¡Descubre cómo una combinación de dieta, suplementos y meditación puede transformar tu mente y tu bienestar emocional!

5. Energía y rendimiento: claves para una vida activa 111

La fatiga crónica y la falta de energía no son normales. En este capítulo, exploraremos los mejores suplementos para optimizar el rendimiento físico y mental (como la coenzima Q10 y el *ginseng*), cómo evitar los picos y las caídas de energía relacionadas con el estrés y cuáles son las rutinas de autocuidado que potencian tu vitalidad.

6. El microbioma intestinal: la clave de todo 129

Tu intestino es mucho más que un órgano digestivo: es el centro de tu salud inmunológica y emocional. Aprende a cuidar tu microbioma con probióticos y prebióticos, alimentos fermentados y suplementos que ayudan a mantener una microbiota equilibrada.

7. Detoxificación y antioxidantes: una limpieza profunda desde dentro 161

Vivimos rodeados de toxinas ambientales, desde la contaminación hasta los pesticidas. Este capítulo te enseñará a ayudar a tu cuerpo a eliminar toxinas de manera natural. Analizaremos cómo apoyar la función hepática con nutrientes como el cardo mariano y la N-acetilcisteína y suplementos antioxidantes como el resveratrol y la vitamina E.

8. Suplementación en la menopausia 177

La menopausia trae consigo cambios importantes en el cuerpo, desde la pérdida ósea hasta alteraciones hormonales y del sueño. En este capítulo aprenderás a utilizar el calcio y la vitamina D para proteger la salud ósea, incorporar isoflavonas de soja y otros fitoestrógenos para aliviar los sofocos, y a manejar el estrés y el insomnio con suplementos como el magnesio y la melatonina.

9. Suplementación para pacientes oncológicos 197

En un contexto oncológico, la suplementación puede ser una herramienta complementaria bajo supervisión médica. Exploraremos el uso de suplementos para contrarrestar los efectos secundarios de tratamientos como la quimioterapia (el uso de probióticos para la salud intestinal o de glutamina para la mucositis). Analizaremos qué nutrientes poseen potencial antioxidante, como la curcumina, y cómo utilizarlos con precaución, y la importancia de la vitamina D y del selenio en el apoyo inmunológico.

10. Mitos y realidades de la suplementación 225

Es hora de desmontar mitos. Desde los suplementos que prometen milagros hasta las modas sin respaldo científico, aprenderás a distinguir lo útil de lo innecesario.

11. El estilo de vida saludable como base de todo 239

Una buena suplementación pierde su eficacia sin un estilo de vida que la respalde. Este capítulo te dará herramientas para diseñar una rutina de ejercicio que complemente tus objetivos, mejorar tu higiene del sueño y crear un plan de autocuidado sostenible y efectivo.

Conclusión. Tu bienestar en tus manos 251

Tu bienestar en tus manos. Este libro es un punto de partida. La clave para una vida saludable está en aprender a escuchar a tu cuerpo, confiar en la ciencia y ser constante en tus elecciones diarias. ¡El camino hacia una vida plena comienza ahora! Espero que este viaje te inspire y te transforme.

Agradecimientos 253

Notas bibliográficas 255

INTRODUCCIÓN

EL CAMINO HACIA UNA VIDA PLENA

Vivimos más años que nunca, pero ¿vivimos mejor? Las cifras no dejan lugar a dudas: la esperanza de vida ha aumentado en las últimas décadas, pero la calidad de esos años adicionales es, en muchos casos, preocupante. Hoy, muchas personas llegan a edades avanzadas encadenadas a múltiples diagnósticos, tratamientos y limitaciones. Según datos de la Organización Mundial de la Salud (OMS), más del 50% de los europeos mayores de cincuenta años vive al menos con una enfermedad crónica. Y lo más alarmante es que ya no hablamos solo de mayores: cada vez es más común que adultos jóvenes, incluso desde los treinta años, y personas de mediana edad experimenten fatiga persistente, ansiedad, problemas digestivos, dolores articulares, desequilibrios hormonales o alteraciones del sueño sin un diagnóstico claro.

La **Encuesta Nacional de Salud** indica que la percepción de la salud en España ha empeorado desde la pandemia. En 2019, el 77% de la población afirmaba tener una salud buena o muy buena; en 2022, esta cifra se redujo al 69%. La bajada es aún más acusada en mujeres, personas mayores y colectivos con menor nivel socioeconómico.

Este deterioro no siempre se traduce en diagnósticos clínicos. Muchas personas sufren síntomas que no encajan en etiquetas médicas clásicas: niebla mental, falta de energía, tristeza persistente, inflamación silenciosa, alteraciones menstruales, intestino irritable... Todo ello apunta a un **desequilibrio sistémico** que tiene más que ver con el estilo de vida que con la genética.

Por otro lado, como digo, las enfermedades crónicas ya no son solo cosa de mayores. Estas son algunas de las más prevalentes, desglosadas por sexo y edad.

ENFERMEDAD	MÁS PREVALENTE EN...	EDAD DE APARICIÓN HABITUAL
HIPERTENSIÓN ARTERIAL	Hombres y mujeres > 55 años	Desde los 45-50 años
COLESTEROL ELEVADO	Hombres < 65 años	Desde los 35-40 años
DIABETES TIPO 2	Hombres y personas con sobrepeso	> 50 años, cada vez antes
DEPRESIÓN	Mujeres (x 2 respecto a hombres)	25-65 años
ANSIEDAD CRÓNICA	Mujeres jóvenes y adultas	Desde los 18 años
FIBROMIALGIA/ DOLOR CRÓNICO	Mujeres	40-60 años

ENFERMEDAD	MÁS PREVALENTE EN...	EDAD DE APARICIÓN HABITUAL
ENFERMEDADES DIGESTIVAS (SÍNDROME DEL INTESTINO IRRITABLE, DISBIOSIS)	Mujeres jóvenes	20-50 años
OSTEOPOROSIS	Mujeres posmenopáusicas	> 50 años

Este panorama evidencia un cuerpo inflamado, fatigado y desconectado de su equilibrio natural. Y no, no se arregla con una pastilla milagrosa.

Sin embargo, desde la irrupción de la COVID-19, el consumo de medicamentos en España se ha incrementado de forma significativa. El gasto farmacéutico público con receta superó los 13.000 millones de euros en 2023, un aumento del 16 % con respecto a los años anteriores a la pandemia. Este dato, más allá de lo económico, refleja una realidad social: cada vez dependemos más de los fármacos para «funcionar».

Los medicamentos más consumidos hoy en día en nuestro país son:

- **Ansiolíticos y benzodiacepinas:** España es uno de los países europeos con mayor consumo. Su uso ha crecido especialmente entre mujeres y jóvenes, reflejando el impacto de los trastornos de ansiedad y del sueño.
- **Antidepresivos:** su ingesta ha aumentado más del 20 % en la última década, especialmente en mujeres entre cuarenta y cinco y sesenta y cinco años.

- **Omeprazol y protectores gástricos:** uno de los fármacos más vendidos, usado con frecuencia como «precaución» en tratamientos crónicos.
- **Ibuprofeno, paracetamol y otros analgésicos:** de uso habitual para aliviar dolores recurrentes, muchas veces sin atender su causa de fondo.
- **Antihipertensivos, estatinas y antidiabéticos:** reflejan el aumento de patologías cardiovasculares y metabólicas desde edades cada vez más tempranas.

A esto se suma la **polimedicación** en personas mayores, que con frecuencia toman entre cinco y diez fármacos diarios, generando riesgos por interacciones, efectos secundarios y dependencia crónica.

La salud no se deteriora de un día para otro. Es un proceso progresivo, silencioso, muchas veces ignorado hasta que aparecen los primeros síntomas. Y en la raíz de ese desequilibrio suele haber un terreno común: inflamación crónica, déficit nutricional y un estilo de vida que desconecta al ser humano de sus necesidades básicas.

Pero ¿y si pudiéramos cambiar ese rumbo? ¿Y si la clave para una vida larga, activa y plena no residiera en tratamientos caros, sino en volver a lo esencial?

La respuesta, cada vez más respaldada por la evidencia científica, está en la alimentación, el descanso, el movimiento, la conexión emocional, la gestión del estrés, el contacto con la naturaleza... y una suplementación adecuada y bien dirigida. Esta última, aunque a menudo incomprendida o banalizada, puede marcar la diferencia entre sobrevivir y vivir con plenitud.

Mi camino personal: de la enfermedad al equilibrio

No hablo desde la teoría. Hablo desde la experiencia.

Tenía treinta y dos años cuando me diagnosticaron un cáncer, y mi hijo apenas tenía tres. Mi mundo se tambaleó. Como médica de familia conocía los protocolos clínicos, pero como paciente sentí en carne propia la fragilidad del cuerpo y de la mente. Fueron seis meses de tratamiento y una cirugía que cambiaron por completo mi forma de entender la vida.

No me conformé con sobrevivir. Quería comprender qué había llevado a mi cuerpo a enfermar, qué necesitaba para sanar y cómo podía vivir de forma más consciente a partir de entonces.

Ese deseo me llevó a estudiar nutrición integrativa, psiconeuroinmunología, microbiota intestinal, cronobiología y medicina del estilo de vida. Y, sobre todo, me permitió conectar con algo esencial: con el hecho de que el cuerpo tiene una capacidad extraordinaria de autorregenerarse si le damos lo que necesita.

Y lo que necesita no siempre es más medicamentos. En muchos casos es más presencia, más nutrientes, más descanso, más conexión, más consciencia. Y cuando la alimentación no alcanza a cubrir todas las necesidades (que, seamos honestos, nos ocurre a la mayoría hoy en día), la suplementación puede convertirse en una aliada real y efectiva.

Una alimentación moderna pero deficiente

Los alimentos actuales no son los de antes.

Aunque tengamos supermercados repletos, variedad de productos y acceso a frutas exóticas en cualquier época del año, la densidad nutricional de los alimentos ha disminuido drásticamente. Diversos estudios han demostrado que los suelos están empobrecidos, que los cultivos se recogen antes de madurar y que el transporte y el almacenamiento deterioran aún más la calidad de los nutrientes.

A esto se suma la presencia de pesticidas, aditivos, plásticos, disruptores endocrinos, estrés crónico y un sedentarismo que no se compensa con una hora de gimnasio. La combinación es explosiva: deficiencias de magnesio, zinc, vitamina D, omega 3, selenio, yodo, vitamina B12, hierro... que afectan a millones de personas sin ser diagnosticadas.

Y aquí es donde entra en juego la suplementación. No como una solución mágica, sino como un pilar que acompaña al resto de hábitos saludables.

¿Qué entendemos por «vida plena»?

Hablar de plenitud no es hablar solo de salud física.

Una vida plena es aquella en la que uno se siente con energía por la mañana, descansa profundamente por la noche, digiere sin molestias, tiene un estado de ánimo estable, mantiene relaciones sanas y siente propósito y alegría en su día a día.

Esto no se consigue solo con pastillas, ni siquiera con suplementos. Necesitamos nutrientes, que son el lenguaje bioquímico de nuestras células, y si nos falta alguno de ellos, el cuerpo no puede funcionar con armonía.

- **Tu sistema nervioso** necesita magnesio, omega 3, triptófano, vitamina B6 y B12 para generar neurotransmisores como la serotonina o la dopamina.
- **Tu sistema inmune** requiere vitamina D, zinc, selenio y probióticos para mantenerse en equilibrio.
- **Tus mitocondrias** —las fábricas de energía celular— precisan coenzima Q10, carnitina, B2, hierro y otros micronutrientes para producir trifosfato de adenosina (ATP).

¿Cómo esperar bienestar sin asegurar los ladrillos básicos de la biología?

¿Por qué es necesario hablar de suplementación?

Muchas personas, incluso llevando un estilo de vida saludable, siguen sintiéndose cansadas, irritables, sufren digestiones pesadas, dolor muscular o falta de concentración. ¿La razón? Deficiencias nutricionales ocultas.

Hoy sabemos que...

- El estrés agota el magnesio, el zinc y las vitaminas B.
- El uso prolongado de medicamentos (omeprazol, anticonceptivos, estatinas) bloquea la absorción de nutrientes clave.
- La edad reduce la producción de enzimas digestivas y ácido estomacal.
- Las enfermedades intestinales alteran la absorción.
- Los alimentos modernos contienen menos minerales que hace cincuenta años.

La suplementación no sustituye a una buena alimentación. Pero sí puede corregir carencias, restaurar funciones, potenciar procesos y prevenir deterioros futuros. Cuando se utiliza con criterio y conocimiento, se convierte en una herramienta al servicio de la salud integral.

Este libro: un mapa para empoderarte

Este libro nace con un propósito claro: poner en tus manos el conocimiento y las herramientas para vivir con más vitalidad, equilibrio y consciencia.

No se trata de que tomes todos los suplementos que existen. Se trata de entender qué necesita tu cuerpo en cada etapa, cómo mejorar tu alimentación, cuándo recurrir a un suplemento y cuáles tienen verdadera evidencia científica.

Veremos a lo largo de los diferentes capítulos temas clave como...

- Los suplementos esenciales para cada etapa de la vida.
- Cómo alimentar tu cerebro y tu salud mental.
- Qué tomar para mejorar la energía, el rendimiento y la recuperación.
- Cómo cuidar tu microbiota intestinal con nutrición y probióticos.
- Qué papel juegan los antioxidantes y los procesos de detoxificación.
- Cómo afrontar la menopausia, el envejecimiento o incluso el cáncer desde una mirada integrativa.
- Cómo construir un estilo de vida que potencie tu bienestar, más allá de cualquier pastilla.

Una invitación al cambio

No tienes que hacerlo todo de golpe. Puedes comenzar paso a paso a reconectar con tu salud.

Cada pequeña decisión —un vaso de agua al despertar, un paseo al sol, un desayuno nutritivo, un suplemento bien elegido— es una semilla de bienestar.

Y cuando esas semillas se siembran con constancia, crece un cuerpo más fuerte, una mente más clara y una vida más plena.

Te invito a recorrer juntas este camino. Porque el bienestar no es un destino. Es una forma de estar en el mundo.

1.

FUNDAMENTOS DE LA SALUD INTEGRAL

El cuerpo humano tiene una capacidad natural de curarse... si le damos las condiciones adecuadas para hacerlo.

¿Qué es la salud integral?

La salud es mucho más que no estar enfermos. La OMS la define como «un estado de completo bienestar físico, mental y social», y, hoy en día, más que nunca, necesitamos abrazar esa visión holística. Ya no podemos hablar del cuerpo como un conjunto de órganos aislados, ni de la mente como algo separado del cuerpo.

La salud integral implica equilibrio. Equilibrio entre lo físico y lo emocional, entre la actividad y el descanso, entre el dar y el recibir. Implica energía, claridad mental, vitalidad, resistencia al estrés, digestión eficiente, hormonas en armonía, emociones que fluyen y una conexión auténtica con uno mismo y con los demás.

En esta nueva medicina que se está gestando —la medicina del estilo de vida, la medicina integrativa, la medicina de las causas y no solo de los síntomas— hablamos de prevenir, de empoderar y de devolver al cuerpo su capacidad de autorregulación.

Los seis pilares de la salud integral

A lo largo de mi trayectoria, tanto personal como médica, he identificado seis pilares fundamentales para construir una salud sólida y duradera. Todos están interrelacionados y se potencian entre sí.

1. Alimentación antiinflamatoria y rica en nutrientes

La forma en que nos alimentamos condiciona profundamente cómo nos sentimos, cómo enfermamos y cómo sanamos. No se trata solo de contar calorías, sino de valorar la calidad nutricional, la carga tóxica y su impacto sobre el metabolismo.

Una alimentación que favorece la salud integral debe basarse en...

- Verduras y frutas frescas, de temporada y, a ser posible, ecológicas.
- Grasas saludables: aceite de oliva virgen extra, frutos secos, aguacate, semillas, alimentos con alto contenido en omega 3.
- Proteínas de buena calidad, vegetales o animales, según la elección de cada persona, carne de pasto,

pescado de pesca extractiva, huevos de gallinas felices.

- Fermentados naturales, fuente de probióticos y enzimas.
- Evitar ultraprocesados, azúcares añadidos, harinas refinadas y aceites vegetales industriales.

Además, como ya he señalado, hoy sabemos que incluso comiendo bien, nuestros alimentos no siempre contienen todos los nutrientes que necesitamos. Por eso, hablaremos en capítulos posteriores del papel clave que puede tener una suplementación inteligente.

2. Movimiento diario y consciente

El ejercicio físico no es solo para «mantener la línea». Es una necesidad fisiológica. El movimiento activa el sistema linfático, mejora la sensibilidad a la insulina, estimula las endorfinas, regula el apetito, fortalece los huesos y mejora el sueño.

No hace falta correr maratones. Basta con caminar, bailar, nadar, practicar yoga, levantar pesas o hacer ejercicios funcionales. Lo importante es moverse todos los días y, si es posible, con placer.

3. Sueño profundo y reparador

Dormir no es un lujo, es una necesidad biológica, ya que mientras dormimos:

- Se activa el sistema glinfático, que «limpia» el cerebro de toxinas.
- Se regula la secreción de hormonas, como la melatonina, el cortisol y la hormona del crecimiento.
- Se consolida la memoria y se regeneran los tejidos.

Dormir entre siete y nueve horas, en oscuridad total, en silencio y con una rutina estable de horarios, es uno de los pilares más olvidados, pero más transformadores para la salud. La suplementación con melatonina, magnesio, ácido gamma-aminobutírico (GABA) o adaptógenos puede ser de gran ayuda cuando el descanso está alterado.

4. Gestión del estrés y salud emocional

Según el Consejo General de Psicología de España, un 59% de la población española dice sufrir estrés; un 48% depresión y un 23%, ansiedad.[1] No hay duda de que vivimos en un mundo acelerado y exigente. El estrés crónico es el enemigo silencioso que debilita el sistema inmune, altera la microbiota, favorece la inflamación y desequilibra las hormonas.

Por eso, aprender a parar, respirar, conectar y sentir es una medicina poderosa. Herramientas como la meditación, el yoga, el *journaling* (llevar un diario en el que

1 Consejo General de la Psicología de España, «Un 59% de españoles dice sufrir estrés, un 48% depresión y un 23% ansiedad». [Internet]. [Consultado 11 Nov 2025]. Disponible en: https://www.infocop.es/un-59-de-espanoles-dice-sufrir-estres-un-48-depresion-y-un-23-ansiedad/.

reflexionar sobre pensamientos, emociones, preocupaciones...), la terapia, la gratitud diaria o simplemente una caminata consciente por la naturaleza pueden ayudarnos a recuperar el equilibrio mental y emocional.

Además, ciertos nutrientes tienen un impacto directo en el estado de ánimo y la resiliencia al estrés; es el caso del magnesio, los ácidos grasos omega 3, las vitaminas del grupo B, el triptófano, la L-teanina, la *ashwagandha*, la lavanda, la rhodiola...

5. Microbiota intestinal equilibrada

En el intestino viven más de 100 billones de bacterias que forman parte de nuestra ecología interna. Este ecosistema regula la digestión, produce neurotransmisores, modula el sistema inmune y participa en la síntesis de vitaminas esenciales como la B12, la K o el ácido fólico.

Una microbiota en disbiosis o desequilibrio puede generar inflamación sistémica, alteraciones del ánimo, intolerancias, ansiedad, fatiga crónica, migrañas o incluso enfermedades autoinmunes.

La salud integral empieza por el intestino. En capítulos posteriores profundizaremos en cómo cuidarla a través de la alimentación, los prebióticos, los probióticos y los suplementos específicos.

6. Exposición mínima a tóxicos y apoyo a los sistemas de detoxificación

Vivimos rodeados de tóxicos: en el aire, en el agua, en los cosméticos, en los plásticos, en los alimentos, en los textiles, en los utensilios de cocina. Aunque no podemos vivir en una burbuja, sí podemos reducir la carga tóxica. ¿Cómo?

- Filtra el agua.
- Usa cosmética natural.
- Evita plásticos, perfumes y ambientadores sintéticos.
- Elige productos ecológicos y minimiza los fármacos innecesarios.

También podemos apoyar al hígado, los riñones, la piel y los pulmones en su tarea de eliminar toxinas a través de hábitos y suplementos como el glutatión, la N-acetilcisteína (NAC), el diente de león, el cardo mariano o el sulforafano.

Volver a lo esencial: el poder del estilo de vida

La salud no se pierde de golpe. Es una erosión silenciosa que ocurre cada día: con cada noche mal dormida, cada comida ultraprocesada, cada dosis innecesaria de medicamentos, cada día sin mover el cuerpo ni parar la mente.

Pero la buena noticia es que el camino también puede desandarse. El cuerpo humano tiene una extraordinaria capacidad de **autorreparación** cuando le damos lo que necesita: nutrientes de calidad, descanso profundo, movimiento consciente, relaciones significativas, contacto con la naturaleza..., y sí, una **suplementación inteligente y bien dirigida**, que rellene los vacíos dejados por una alimentación empobrecida y un intestino sobrecargado.

Así empieza la verdadera medicina: no solo con diagnósticos ni recetas, sino con **decisiones cotidianas**. Porque vivir más no basta. Queremos vivir mejor. Y está en nuestras manos.

Caja de casos clínicos

Caso 1: cuando el cuerpo pide pausa

María, de treinta y ocho años, era enfermera y madre de dos niños pequeños. Llevaba meses sintiéndose agotada, con dolores musculares, digestiones pesadas y una sensación constante de niebla mental. Además, dormía mal y su alimentación era rápida y desordenada. Creía que todo ello era normal por su trabajo a turnos y por la falta de descanso, pero su cuerpo le estaba pidiendo una pausa. En la analítica aparecieron niveles bajos de vitamina D, ferritina y magnesio.

¿Qué hicimos? Empezar a priorizar el sueño, caminar bajo luz natural cada día, mejorar su alimentación con más vegetales y proteínas de calidad e introducir suplementos básicos: vitamina D3 + K2, magnesio bisglicinato y omega 3. En pocas semanas empezó a notar cómo la energía regresaba. «No sabía lo mal que estaba hasta que empecé a encontrarme bien», dijo, con una sonrisa. Su cuerpo no solo necesitaba nutrientes: necesitaba atención, calma y autocuidado.

Caso 2: cuando la energía se va sin avisar

Lucía, de cuarenta y un años, trabajaba como diseñadora gráfica y pasaba muchas horas frente al ordenador. No tenía enfermedades previas, pero desde hacía meses notaba cansancio constante, dificultad para concentrarse y un leve dolor de cabeza al final del día. Su alimentación era irregular, solía saltarse comidas y abusaba del café para rendir. En su analítica aparecieron niveles bajos de vitamina D y de magnesio y un déficit ligero de vitaminas del grupo B.

¿Qué hicimos? Comenzamos por regular sus horarios de comida, aumentar su ingesta de frutas y verduras frescas e incorporar pequeñas pausas activas durante la jornada laboral. Introdujimos vitamina D3 + K2, magnesio bisglicinato y un complejo de vitaminas B para mejorar la función energética celular. A las cuatro semanas, Lucía notaba mayor claridad mental y menos fatiga. «Pensaba que estaba estresada, pero me faltaba gasolina por dentro», me dijo al terminar la revisión.

Caso 3: equilibrio para volver a sentirse uno mismo

Sergio, de treinta y cuatro años, era profesor de secundaria. Había llevado un ritmo exigente durante el último curso: correcciones en las que trabajaba hasta tarde, poco descanso y muchas horas en interiores. Empezó a notar irritabilidad, calambres musculares y un sueño poco reparador. Aunque no presentaba ningún diagnóstico, sentía que «había perdido su equilibrio». La analítica reveló magnesio bajo, vitamina D insuficiente y un nivel de omega 3 por debajo del óptimo.

¿Qué hicimos? Le propusimos priorizar el descanso, salir a caminar cada mañana y cenar más ligero. Añadimos magnesio bisglicinato, omega 3 y vitamina D3 + K2 para modular su sistema nervioso y reducir la inflamación silenciosa. En pocas semanas, Sergio dormía mejor, sentía menos tensión muscular y su ánimo había mejorado. «No imaginaba que pequeños ajustes podrían devolverme tanta calma», me comentó, sonriente.

IMPORTANTE

La salud integral comienza cuando escuchamos las señales del cuerpo antes de que se conviertan en gritos. No se trata de añadir más, sino de restar estrés, ruido y desconexión.

Conclusión: la salud no es un destino, es un camino

Este capítulo es el cimiento de todo lo que viene. La salud integral no se logra con una pastilla milagrosa, ni con una dieta estricta, ni con una rutina perfecta. Se construye cada día, con pequeñas decisiones conscientes.

Decisiones como moverse más, dormir mejor, comer con más presencia, respirar más profundo, reducir lo que intoxica y aumentar lo que nutre.

Y sí, también con suplementos de calidad, adaptados a tus necesidades y respaldados por la ciencia.

Este libro no busca imponer un dogma, sino ofrecerte un mapa. Un mapa para volver al equilibrio, a la energía, a tu salud más plena. Y eso, créeme, está más cerca de lo que crees.

2.

SUPLEMENTOS ESENCIALES PARA CADA ETAPA DE LA VIDA

No todos necesitamos lo mismo en cada momento. La clave está en escuchar al cuerpo y ofrecerle lo que requiere según su etapa, su ritmo y su historia.

A lo largo de la vida, nuestro cuerpo cambia: crece, se desarrolla, se reproduce, madura y envejece. Y con esos cambios, varían también nuestras necesidades nutricionales. No es lo mismo el cerebro en desarrollo de un niño que el sistema hormonal de una mujer fértil, el metabolismo de una persona deportista o la densidad ósea de una mujer menopáusica.

Comprender estas diferencias es clave para diseñar una suplementación **personalizada**, **funcional y efectiva**. En este capítulo recorreremos las distintas etapas de la vida y los suplementos que la ciencia ha identificado como aliados en cada una de ellas.

1. Infancia y adolescencia: crecer con fuerza y equilibrio

La infancia y la adolescencia son dos etapas fundamentales, no solo por el crecimiento físico visible, sino porque en ellas se modela el organismo de forma profunda: se establecen las bases del sistema inmunológico, se densifican los huesos, se desarrollan las estructuras cerebrales, se forma la microbiota intestinal y se consolidan muchos de los hábitos que marcarán la salud en la adultez. Lo que ocurre —o lo que falta— en estos años puede influir en la aparición de enfermedades crónicas en décadas posteriores.

Sin embargo, los datos actuales son preocupantes. En España, el sobrepeso y la obesidad infantil afectan a más del 40% de los niños y adolescentes, según el *Estudio ALADINO*.[2] A esto se suma una alimentación cada vez más pobre en nutrientes esenciales, rica en ultraprocesados, azúcares ocultos y grasas trans. En paralelo, el déficit de actividad física, el exceso de pantallas y el estrés académico o social (especialmente tras la pandemia) contribuyen a una salud más frágil en edades tempranas.

Además, múltiples estudios revelan que una gran parte de niños y adolescentes no alcanzan los requerimientos mínimos de nutrientes clave, ya sea por caren-

2 Agencia Española de Seguridad Alimentaria y Nutrición (AESAN), *Estudio sobre la alimentación, actividad física, desarrollo infantil y obesidad en España*. Madrid: Ministerio de Derechos Sociales, Consumo y Agenda 2023; 2019.

cias dietéticas o por necesidades aumentadas en periodos de crecimiento acelerado, menarquia o práctica deportiva intensa.

Es una etapa clave para sembrar salud a largo plazo.

Micronutrientes y suplementos clave

El crecimiento y el desarrollo de los niños es un proceso complejo en el que intervienen múltiples factores, como la herencia genética, la cultura familiar, el entorno en el que viven y su alimentación. Entre ellos, la nutrición destaca como un elemento fundamental, especialmente desde los primeros días de vida hasta la adolescencia. En esta etapa, estos son los micronutrientes y los suplementos que no deben faltar:

- **Vitamina D3 (colecalciferol).** Imprescindible para la mineralización ósea, el desarrollo del sistema inmune y la regulación emocional. Su deficiencia es frecuente incluso en climas soleados, debido al uso de cremas solares, el sedentarismo en interiores y la baja ingesta dietética. Hay estudios que asocian su déficit con infecciones respiratorias recurrentes, fatiga crónica, trastornos del ánimo y alteraciones del sueño.
- **Omega 3: ácido docosahexaenoico (DHA) y ácido eicosapentaenoico (EPA).** El DHA es esencial para la maduración del cerebro, la retina y la función cognitiva. Se ha vinculado con mejoras en la memoria, la concentración y el comportamiento en niños con

trastorno por déficit de atención con hiperactividad (TDAH) y también en la población general escolar. Su deficiencia es común en dietas con bajo consumo de pescado azul y sin fuentes vegetales adecuadas de omega 3. El EPA, por su parte, desempeña un papel clave en la regulación de la inflamación y el equilibrio emocional. Se ha demostrado útil en la prevención de estados depresivos y en el apoyo a la salud cardiovascular e inmunológica. Su deficiencia es frecuente en dietas pobres en pescado azul o carentes de fuentes vegetales adecuadas de omega 3 (como microalgas o semillas ricas en ácido alfa-linolénico, ALA).

- **Hierro (bisglicinato o liposomado).** Clave para prevenir la anemia, especialmente en niñas con menarquia precoz o menstruaciones abundantes, y en adolescentes con dietas vegetarianas o veganas. La deficiencia de hierro no solo provoca fatiga, sino también dificultades de aprendizaje y bajo rendimiento escolar.
- **Zinc.** Fundamental para el sistema inmune, la síntesis de proteínas, el crecimiento y la cicatrización. Niveles bajos de zinc se han asociado a infecciones frecuentes, acné inflamatorio y retrasos en el desarrollo puberal.
- **Yodo.** Vital para el funcionamiento tiroideo y el desarrollo neurológico. Su deficiencia durante el embarazo y la infancia se relaciona con deterioro cognitivo y problemas de aprendizaje. Aunque la sal yodada ha reducido su déficit, sigue siendo frecuente en niños con dietas sin pescado ni mariscos.

- **Probióticos pediátricos.** La microbiota intestinal en la infancia determina la respuesta inmunitaria, la absorción de nutrientes y el equilibrio neuroendocrino. La suplementación con cepas específicas puede ser especialmente útil tras tratamientos antibióticos, en casos de eccemas, alergias, diarreas frecuentes o infecciones respiratorias recurrentes.

Veamos ahora la utilidad específica de algunos suplementos, en función del problema o déficit que deseemos subsanar.

Suplementos para favorecer el crecimiento

Como hemos visto, el crecimiento físico acelerado que se produce durante la infancia y la adolescencia depende de múltiples factores: genética, calidad del sueño, alimentación, actividad física... y de una adecuada disponibilidad de nutrientes esenciales. En algunos casos, la suplementación puede ayudar a optimizar este proceso cuando hay riesgo de carencias.

- **Zinc:** estimula la liberación de la hormona del crecimiento (GH) y es esencial para la formación de hueso y masa muscular. Su deficiencia puede frenar el desarrollo de la estatura y retrasar la pubertad.
- **Magnesio y calcio:** fundamentales para la mineralización ósea y la contracción muscular. Un desequilibrio entre ambos puede afectar al crecimiento y aumentar el riesgo de lesiones.

- **Vitamina D3:** regula el metabolismo del calcio y estimula directamente el crecimiento óseo. Especialmente importante en niños que reciben poco sol o con piel oscura.
- **Proteína de calidad:** en algunos casos, un suplemento proteico vegetal o de suero puede ser útil en adolescentes con bajo peso, vegetarianos estrictos o con alta demanda deportiva.
- **Hierro y yodo:** su déficit puede afectar indirectamente al crecimiento al interferir con la función tiroidea y el metabolismo energético.

RECOMENDACIÓN PROFESIONAL

En niños con baja talla o retraso del crecimiento, siempre es recomendable una evaluación médica completa para descartar causas endocrinas o digestivas antes de pautar suplementos.

Suplementos para mejorar el rendimiento escolar

El rendimiento cognitivo no depende solo del esfuerzo o de la capacidad innata: también lo hace del equilibrio neuroquímico, de la energía celular y de la salud intestinal. Una nutrición adecuada, junto con ciertos nutrientes, puede potenciar funciones como la memoria, la concentración y la agilidad mental.

- **Omega 3 (DHA):** mejora la memoria de trabajo, la velocidad de procesamiento y la concentración. Se ha demostrado útil incluso en niños sin patología neurológica.
- **Hierro:** esencial para el transporte de oxígeno al cerebro. Su deficiencia puede generar fatiga, apatía, dificultades de atención y bajo rendimiento escolar, incluso en ausencia de anemia franca.
- **Complejo B (B6, B9, B12):** implicado en la producción de neurotransmisores (como la serotonina y la dopamina). Apoyan el equilibrio emocional y la motivación.
- **Magnesio:** mejora la transmisión neuromuscular, reduce la fatiga mental y puede ayudar a niños con estrés académico elevado.
- **Rhodiola, *Bacopa monnieri* o *ashwagandha*** (en adolescentes mayores): son adaptógenos con evidencia emergente de que favorecen la concentración y la memoria verbal, aunque se recomiendan con precaución y bajo supervisión profesional.

RECUERDA

Los adaptógenos son sustancias naturales, como hierbas, algas u hongos, que ayudan al cuerpo a resistir y adaptarse al estrés (ya sea físico, mental o ambiental) y a restaurar su equilibrio.

TDAH: apoyo nutricional y suplementación en déficit de atención

El trastorno por déficit de atención con o sin hiperactividad (TDA o TDAH, respectivamente) es cada vez más diagnosticado, aunque muchas veces responde a causas multifactoriales, entre las que se incluyen la inflamación, la disbiosis intestinal, el déficit de ácidos grasos o las alteraciones del ritmo circadiano.

- **Omega 3 de alta concentración en EPA:** múltiples metaanálisis demuestran su eficacia en reducir los síntomas de falta de atención e hiperactividad.
- **Zinc:** apoya la regulación dopaminérgica y mejora la eficacia de los tratamientos farmacológicos. Su déficit es frecuente en niños con TDAH.
- **Magnesio + B6:** combinación eficaz para mejorar el sueño, reducir la irritabilidad y modular la excitabilidad neuronal.
- **Probióticos:** algunos estudios muestran mejoras conductuales al restaurar la microbiota intestinal (eje intestino-cerebro).
- **Vitamina D:** su déficit se asocia con una mayor prevalencia del TDAH. Su suplementación puede reducir síntomas cognitivos y de conducta.

RECOMENDACIÓN PROFESIONAL

El abordaje del TDAH debe ser siempre integral: alimentación antiinflamatoria, ejercicio regular, reducción de pantallas, técnicas de *mindfulness* y, si es necesario, apoyo psicopedagógico o tratamiento médico.

¿Melatonina en niños? Cuándo sí y cuándo no

La **melatonina** es una hormona natural que regula los ritmos circadianos y favorece el inicio del sueño. Su uso se ha extendido en pediatría, especialmente tras la pandemia, pero no siempre está indicado.

Puede recomendarse aportar melatonina en edad pediátrica en caso de...

- Trastornos del sueño con dificultad para conciliarlo, más que para mantenerlo.
- Niños con TDAH o TEA (trastorno del espectro autista) con insomnio crónico.
- *Jet lag* tras viajes largos.
- Alteraciones del sueño en adolescentes muy expuestos a pantallas o con horarios escolares incompatibles con su cronobiología.

DOSIS SEGURAS

EN NIÑOS PEQUEÑOS	0,5 a 1 mg por noche
EN ADOLESCENTES	Hasta 2-3 mg (siempre comenzando con la mínima dosis eficaz)

- La melatonina **no debe emplearse como solución rápida a hábitos de sueño disfuncionales**. Debemos tener **precaución** en su uso, ya que puede generar dependencia psicológica si no se acompaña de higiene del sueño (horarios, luz natural, desconexión digital).
- Está contraindicada en trastornos autoinmunes sin control.

RECOMENDACIÓN PROFESIONAL

La melatonina puede ser una herramienta útil, pero nunca sustituye una rutina de descanso estructurada, una cena temprana y una desconexión progresiva del entorno digital.

Un entorno saludable es la mejor prevención

Más allá de los suplementos, es imprescindible cultivar un entorno que favorezca el crecimiento y el equilibrio: una alimentación rica en frutas, verduras, proteínas de calidad y grasas saludables; actividad física diaria; sueño reparador; tiempo en la naturaleza; y un acompañamiento emocional basado en la presencia y la conexión.

Recuerda: la suplementación infantil debe ser siempre individualizada y supervisada por un profesional de la salud. No se trata de dar más, sino de dar lo necesario, en el momento adecuado, para que cada niño o adolescente pueda desarrollar todo su potencial físico, mental y emocional.

2. Adultos: energía y resiliencia

Esta etapa —que abarca aproximadamente de los veinticinco a los cincuenta años— suele ser la más exigente a nivel físico, mental y emocional. Es un momento de grandes desafíos y múltiples responsabilidades: trabajo, familia, crianza, pareja, vida social, actividad física... y, muchas veces, poca energía para uno mismo.

En esta fase aparecen los primeros signos de desequilibrio funcional: fatiga persistente, dificultad para dormir, ansiedad, digestiones pesadas, falta de concentración, infecciones frecuentes, síndrome del intestino irritable (SII) o dolores musculares sin causa aparente. El cuerpo todavía responde, pero ya empieza a mostrar señales de agotamiento si no se le cuida.

Los nutrientes clave en esta etapa para sostener el ritmo y prevenir el desgaste son estos:

- **Magnesio (bisglicinato o malato).** Indispensable para más de trescientas reacciones bioquímicas. Ayuda a regular el sistema nervioso, mejorar el sueño, reducir la tensión muscular y modular la respuesta al estrés. El malato aporta energía mitocondrial; el bisglicinato, más relajante, es ideal por la noche.
- **Complejo B (B1, B2, B3, B5, B6, B9, B12).** Fundamental para la producción de energía, el equilibrio del sistema nervioso y la síntesis de neurotransmisores. Su demanda aumenta en personas con estrés crónico, el uso de anticonceptivos y el consumo regular de alcohol, café o ultraprocesados.

- **Vitamina D3 + K2 (MK-7).** La vitamina D modula la inmunidad, el estado de ánimo, la salud ósea y muscular. La K2 asegura que el calcio se deposite en los huesos y no en las arterias, siendo clave para la prevención cardiovascular.
- **Adaptógenos** (*ashwagandha*, rhodiola, *ginseng* siberiano). Plantas que mejoran la respuesta al estrés sin agotar el sistema nervioso. La *ashwagandha* regula el cortisol y mejora el sueño; la rhodiola potencia la resistencia física y mental y el *ginseng* siberiano —por su parte— mejora la capacidad adaptativa en personas con gran carga física o intelectual.

¿Qué otros nutrientes pueden marcar la diferencia?

Además de estos nutrientes esenciales, existen otros que no son imprescindibles para todos, pero pueden marcar la diferencia cuando el ritmo de vida es elevado o ya aparecen signos de fatiga, inflamación o sobrecarga oxidativa. Son **nutrientes de soporte**, que refuerzan la función mitocondrial, la inmunidad y la capacidad de recuperación del organismo:

- **Omega-3 (EPA/DHA):** modula la inflamación, protege el sistema cardiovascular y mejora el enfoque mental.
- **Coenzima Q10:** antioxidante mitocondrial que mejora la producción de energía. Útil en casos de fatiga, migrañas y enfermedades metabólicas.

- **NAC:** precursora del glutatión, el antioxidante maestro. Ayuda a detoxificar el hígado y a prevenir el estrés oxidativo asociado a la vida moderna.
- **Vitamina C liposomada:** refuerza las defensas, mejora la función adrenal y neutraliza los radicales libres.
- **Probióticos y enzimas digestivas:** especialmente útiles en personas con disbiosis, intolerancias o digestiones lentas.

Edad fértil: equilibrio hormonal y vitalidad

La etapa fértil es un periodo de máxima vitalidad, pero también de grandes exigencias físicas y emocionales. Es el momento en el que el cuerpo —especialmente el femenino— está en plena actividad hormonal, y cualquier desequilibrio puede manifestarse en forma de alteraciones menstruales, dificultad para concebir, cambios en el estado de ánimo o síntomas de fatiga y estrés.

Mujeres: apoyar el equilibrio hormonal y la fertilidad

En mujeres, los desequilibrios hormonales son especialmente frecuentes en esta etapa: menstruaciones dolorosas, síndrome premenstrual, ciclos irregulares, síndrome de ovario poliquístico (SOP), anovulación o infertilidad... Veamos cómo pueden combatirse:

- **Ácido fólico (en forma de metilfolato o folato activo):** clave en la etapa preconcepcional. Su consumo adecuado reduce el riesgo de defectos del tubo neural y mejora la ovulación.

- **Magnesio + vitamina B6:** esta combinación ayuda a modular la respuesta del sistema nervioso, mejora el ánimo, reduce la irritabilidad y los dolores asociados al síndrome premenstrual y dismenorrea.
- **Hierro + vitamina C:** en mujeres con menstruaciones abundantes, ayuda a prevenir anemia y mejora la energía y la concentración.
- **Zinc y selenio:** fundamentales para la función ovárica, la inmunidad y la salud tiroidea, especialmente en mujeres con tiroiditis autoinmune.
- **Vitamina D3:** baja en muchas mujeres con SOP o infertilidad. Mejora la función ovárica y la calidad endometrial.
- **Myo-inositol + D-chiro-inositol (en proporción 40:1):** especialmente beneficioso en mujeres con SOP. Mejora la ovulación, reduce la resistencia a la insulina y favorece la fertilidad.
- **Aceite de onagra o aceite de borraja:** fuentes de ácido gamma-linolénico (GLA), útiles para regular el ciclo y reducir el dolor menstrual, aunque deben usarse con supervisión profesional.

El dolor menstrual (dismenorrea) no es normal ni inevitable. La dismenorrea puede estar asociada a inflamación excesiva, desequilibrios hormonales o carencias nutricionales. Entre las recomendaciones **nutricionales y de suplementación**, se encuentran estas:

- **Magnesio:** relaja la musculatura uterina y reduce los espasmos.

- **Ácidos grasos omega 3 (EPA/DHA):** disminuyen la producción de prostaglandinas inflamatorias responsables del dolor.
- **Curcumina** (mejor en formulación biodisponible): potente antiinflamatorio natural.
- **Vitamina E:** mejora la circulación uterina y disminuye el dolor si se administra de forma continua durante varios ciclos.
- **Extractos de jengibre, canela o *Vitex agnus-castus* (sauzgatillo):** han demostrado eficacia para reducir la intensidad del dolor y regular el ciclo.

El SOP es un trastorno hormonal que afecta a una de cada diez mujeres en edad fértil. Se caracteriza por hiperandrogenismo, ciclos irregulares, resistencia a la insulina y, en muchos casos, dificultad para concebir.

Entre los suplementos útiles para combatir el SOP, se incluyen:

- **Myo-inositol + D-chiro-inositol:** regulan la ovulación y mejoran la sensibilidad a la insulina.
- **NAC:** antioxidante que mejora la ovulación y puede reducir la testosterona libre.
- **Zinc:** modula el exceso de andrógenos y mejora el acné y el hirsutismo.
- **Berberina** (bajo supervisión): mejora la sensibilidad a la insulina y favorece la pérdida de peso.
- **Vitamina D3:** los niveles bajos de esta vitamina son frecuentes en caso de SOP. Suplementarla mejora los ciclos y la fertilidad.

- **Probióticos:** mitigan la disbiosis intestinal que puede empeorar la inflamación y los desequilibrios hormonales.

Además del tratamiento nutricional y suplementario, el SOP mejora significativamente con una alimentación antiinflamatoria, ejercicio regular (especialmente entrenamiento de fuerza), reducción del estrés y un ritmo circadiano equilibrado.

Embarazo y lactancia: nutrición para dos

La etapa de la gestación es, probablemente, el momento más crítico y sagrado de la vida nutricional de una mujer. En apenas nueve meses, el cuerpo materno construye a un ser humano desde una sola célula. Y lo hace a partir de los nutrientes disponibles. Por eso, **la calidad de la alimentación y la suplementación en esta etapa influye profundamente en la salud de la madre y en el desarrollo del bebé**, tanto a corto como a largo plazo.

Nuestra genética determina el punto de partida: el conjunto de genes heredados de nuestros padres, que no podemos cambiar. La epigenética, en cambio, actúa como un interruptor que regula qué genes se activan o se silencian según el entorno y el estilo de vida. Factores como la alimentación, la exposición a tóxicos, el estrés o el sueño influyen directamente en la «lectura» del ADN. Así, los genes pueden permanecer, pero su comportamiento se transforma.

Cada nutriente ingerido tiene un impacto epigenético: modula la expresión genética del feto y condiciona el riesgo futuro de enfermedades como diabetes, alergias, obesidad, problemas neurocognitivos o inmunitarios.

Las tablas que hallarás a continuación resumen las necesidades por trimestre durante el embarazo.

PRIMER TRIMESTRE: PREVENCIÓN Y FORMACIÓN

ÁCIDO FÓLICO (5-MTHF)	Forma metilada, más activa y segura incluso en mujeres con mutaciones MTHFR.[3] Previene defectos del tubo neural y favorece la metilación fetal saludable.
VITAMINA B12 (METILCOBALAMINA)	Clave para la división celular y la formación del sistema nervioso fetal.
COLINA	Esencial para la neurogénesis, la memoria y el aprendizaje del bebé. A menudo, infraconsumida por las embarazadas.
JENGIBRE	Seguro en dosis moderadas (hasta 1 g/día) para reducir náuseas matutinas.

SEGUNDO TRIMESTRE: CRECIMIENTO FETAL ACELERADO

HIERRO BIODISPONIBLE (BISGLICINATO O LIPOSOMADO)	Previene la anemia gestacional, reduce la fatiga y favorece el transporte de oxígeno.
VITAMINA C	Mejora la absorción del hierro y refuerza el sistema inmunológico.

3 Las mutaciones MTHFR son pequeños cambios en un gen que ayuda al cuerpo a usar las vitaminas del grupo B, sobre todo el ácido fólico (B9). Cuando ese gen no funciona bien, el cuerpo no transforma correctamente el ácido fólico y puede tener más dificultad para eliminar toxinas o producir energía. En esos casos, conviene tomar las vitaminas en su forma activa, como el metilfolato (B9 activa) y la B12 metilada.

VITAMINA D3	En niveles óptimos (≥ 40 ng/mL) reduce el riesgo de preeclampsia, parto prematuro y diabetes gestacional.
MAGNESIO	Ayuda en la relajación muscular, previene calambres y puede reducir el riesgo de hipertensión gestacional.
TERCER TRIMESTRE: MADURACIÓN FINAL Y PREPARACIÓN AL PARTO	
DHA (OMEGA 3):	Fundamental para el desarrollo cerebral y retiniano. Mejora el peso al nacer y puede reducir el riesgo de parto prematuro.
YODO	Apoya la función tiroidea materna y el desarrollo neurocognitivo del feto.
VITAMINA K2 (MK-7)	En combinación con vitamina D3, favorece la correcta mineralización ósea y previene calcificaciones indeseadas.
PROBIÓTICOS	Mejoran la microbiota materna e influyen en la del bebé, reduciendo el riesgo de eccema, alergias y cólicos.

Lactancia: alimentar el cuerpo y el vínculo

Durante la lactancia, el cuerpo materno sigue priorizando al bebé. La leche materna se adapta constantemente a sus necesidades, pero para ello, la madre necesita reservas nutricionales suficientes.

Entre los nutrientes clave en esta etapa, se encuentran los siguientes.

- **Ácido fólico y vitamina B12:** se siguen excretando en la leche. Son fundamentales para la regeneración celular del lactante.

- **Omega 3 (DHA):** impacta directamente en el desarrollo cognitivo y visual del bebé lactante. Cuanto mayor sea el nivel materno, mayor será la concentración en la leche.
- **Vitamina D3:** si la madre no alcanza niveles óptimos, es recomendable suplementar al bebé.
- **Calcio + magnesio + vitamina K2:** preservan la salud ósea materna durante la lactancia.
- **Colina:** esencial para el desarrollo cerebral del lactante.
- **Adaptógenos seguros** (como *ashwagandha* o rhodiola en dosis muy controladas): pueden ayudar a la madre en situaciones de fatiga posparto o trastornos adaptativos, siempre bajo supervisión médica.

IMPORTANTE

La alimentación durante la lactancia debe ser rica en vegetales, grasas saludables, legumbres, semillas y alimentos reales, ya que lo que la madre come condiciona el perfil inmunológico de su leche.

Además, debes tener en cuenta estos consejos:

- Evita fórmulas con hierro o vitamina A en dosis elevadas sin control profesional.
- Apuesta por multinutrientes de alta biodisponibilidad, sin aditivos, con formas activas y seguras para el embarazo (metilfolato, metilcobalamina, formas liposomadas...).

- Consulta siempre con un profesional de la salud integrativa antes de iniciar la suplementación durante el embarazo o la lactancia.

Hombres: fertilidad y energía

La fertilidad masculina también se ha visto afectada por el estilo de vida moderno: estrés crónico, exposición a tóxicos, déficit de nutrientes, sedentarismo... En los hombres, los problemas de fertilidad asociados a la calidad espermática, el estrés oxidativo y la caída progresiva de testosterona han aumentado en las últimas décadas.

Entre los suplementos útiles, se hallan los siguientes.

- **Zinc:** mineral esencial para la síntesis de testosterona y la calidad del esperma.
- **Coenzima Q10:** potente antioxidante que mejora la motilidad y cantidad espermática.
- ***Ashwagandha*:** adaptógeno que reduce el cortisol y mejora parámetros hormonales y seminales.
- **L-carnitina:** apoya la movilidad espermática y la producción de energía celular.
- **Selenio + vitamina E:** combinación antioxidante que protege el ADN espermático del daño oxidativo.

También es clave evitar disruptores endocrinos (plásticos, pesticidas, ftalatos), mejorar la dieta, practicar actividad física y reducir el consumo de alcohol y de tabaco.

Creatina: aliada del músculo, el cerebro y la energía

La **creatina monohidrato** ha dejado de ser un suplemento exclusivo del ámbito deportivo. Hoy sabemos, gracias a múltiples estudios clínicos, que sus beneficios van mucho más allá del rendimiento físico.

En lo que respecta al apoyo deportivo, **incrementa la fuerza y la masa muscular** en entrenamientos de resistencia o fuerza, **acelera la recuperación** tras el ejercicio y reduce la fatiga muscular y **mejora el rendimiento anaeróbico y la explosividad**, por lo que es ideal para deportes de alta intensidad.

En cuanto al apoyo cognitivo, el cerebro, al igual que los músculos, consume fosfocreatina para producir energía. La creatina **mejora la memoria de trabajo, la velocidad de procesamiento y la función ejecutiva,** especialmente en personas con alta demanda mental o privación de sueño.

Puede ser útil para estudiantes, profesionales con carga cognitiva intensa y personas en transición hormonal (menopausia, andropausia) o con síntomas de niebla mental.

DOSIS RECOMENDADA

De 3 a 5 g diarios, preferiblemente con carbohidratos (combínala con fruta o batidos) para mejorar su absorción. No requiere fase de carga —es decir, un periodo de una semana en el que se consume una mayor cantidad—. Es segura a largo plazo, siempre que se acompañe de una buena hidratación y haya una función renal normal.

Estrés moderno, soluciones integrativas

No basta con suplementar. Esta etapa vital requiere también **hábitos sostenibles**: pausas reales, respiración consciente, alimentación real, movimiento diario, contacto con la naturaleza y límites saludables con la tecnología y la sobreexigencia.

La suplementación no sustituye al descanso ni al autocuidado, pero puede ayudarte a reconstruir reservas, equilibrar sistemas y prevenir la fatiga crónica o el envejecimiento acelerado.

IMPORTANTE

Invertir en salud entre los treinta y los cincuenta años no es un lujo: es una estrategia de longevidad. El cuerpo que hoy sostienes es el que te cuidará mañana.

EN RESUMEN...

ADULTO CON ESTRÉS CRÓNICO Y ANSIEDAD	Magnesio bisglicinato, *ashwagandha*, lavanda, complejo B, L-teanina, omega 3 (EPA).
EMBARAZADAS Y LACTANTES	Ácido fólico, folato activo (400-800 µg), DHA (omega 3), yodo (150-200 µg), vitamina D3, magnesio bisglicinato, hierro si hay déficit, probióticos específicos en embarazo. En esta etapa, solo se deben tomar suplementos con evidencia de seguridad.
PADRES Y MADRES CON SOBRECARGA FÍSICA Y MENTAL	Magnesio malato, coenzima Q10, NAC, rhodiola, probióticos, vitaminas D3 + K2.
ADULTO CON INSOMNIO O SUEÑO NO REPARADOR	Melatonina (hasta 5 mg), magnesio bisglicinato, GABA, *ashwagandha*, vitamina B6.
PERSONA ACTIVA CON ENTRENAMIENTO FÍSICO REGULAR	Magnesio malato, omega 3 (EPA/DHA), proteína vegetal o *whey*, coenzima Q10, electrolitos, creatina.
ADULTO CON TRABAJO INTELECTUAL INTENSIVO O CREATIVO	Omega 3 (DHA), complejo B, *ashwagandha*, fosfatidilserina, vitamina C liposomada, creatina.
TRABAJADOR CON TURNOS ROTATIVOS O NOCTURNOS	Melatonina, magnesio, complejo B, adaptógenos (*ashwagandha* o *gingseng*), vitamina D.

3. Menopausia y andropausia: transición y transformación

La menopausia en la mujer y la andropausia en el hombre no son enfermedades, sino transiciones fisiológicas naturales. Sin embargo, el contexto actual —caracterizado por el estrés crónico, la inflamación, el déficit de micronutrientes y la vida sedentaria— puede hacer que estas etapas se vivan con mayor conflictividad y sintomatología.

En la menopausia, se produce un descenso brusco de estrógenos y progesterona. En la andropausia, la testosterona disminuye de forma más progresiva. Ambos procesos pueden conllevar sofocos, insomnio, ansiedad, pérdida de masa muscular, sequedad vaginal, disfunción eréctil, osteoporosis, alteraciones del ánimo, niebla mental o mayor riesgo cardiovascular.

Apoyo en la menopausia

Entre los apoyos suplementarios para la menopausia, destacan los **fitoestrógenos naturales**:

- **Isoflavonas de soja**, **extracto de lúpulo y semillas de lino (linaza):** imitan suavemente la acción de los estrógenos. Han demostrado eficacia en la reducción de sofocos y sudores nocturnos.
- **Vitex agnus-castus (sauzgatillo):** útil especialmente en la perimenopausia para equilibrar la progestero-

na y reducir la irritabilidad o la mastalgia (dolor mamario).

Otros suplementos y plantas que son útiles en la menopausia son los siguientes:

- **Cimicífuga racemosa (*cohosh* negro).** Planta tradicionalmente utilizada para aliviar los **síntomas vasomotores** (sofocos, sudoración nocturna) y los **trastornos del ánimo** en la menopausia. Actúa sobre receptores serotoninérgicos más que estrogénicos, por lo que es segura en mujeres con antecedentes de cáncer hormonosensible. Es ideal como alternativa o complemento a las isoflavonas o el lúpulo, especialmente si estos no son efectivos o están contraindicados, como ocurre en el caso de cáncer de mama.
- **Azafrán (*Crocus sativus*).** Potente modulador del estado de ánimo. Estudios clínicos han demostrado su eficacia, comparable a algunos antidepresivos en casos leves o moderados de ansiedad, depresión o irritabilidad en la perimenopausia. También puede mejorar la calidad del sueño y reducir los cambios emocionales asociados a la caída hormonal. Es seguro, bien tolerado y con efecto sinérgico cuando se combina con magnesio o vitamina B6.
- **Magnesio + vitamina D3 + vitamina K2.** Combinación indispensable para prevenir y tratar la osteopenia y osteoporosis, reducir la fatiga muscular y evitar calcificaciones vasculares.
- **Omega 3 (EPA y DHA).** Modula la inflamación, protege el sistema cardiovascular y mejora el estado de

ánimo. Ayuda a prevenir el síndrome metabólico asociado a la menopausia.

- **Coenzima Q10.** Mejora la vitalidad celular y protege la función mitocondrial, frecuentemente afectada en mujeres fatigadas, con insomnio o sobrepeso posmenopáusico.
- **Melatonina.** La melatonina disminuye con la edad, por lo que suplementarla puede mejorar la conciliación del sueño, modular el ritmo circadiano y reducir la ansiedad nocturna.
- **Colágeno + silicio + ácido hialurónico + vitamina C.** Para cuidar la piel, las articulaciones, la matriz extracelular y el tejido conectivo, especialmente en mujeres que notan pérdida de firmeza, arrugas o fragilidad capilar.

Apoyo en la andropausia

Como en el caso de la menopausia, es crucial consultar a un profesional sanitario para evaluar la necesidad de suplementos y para detectar posibles deficiencias o patologías, antes de considerar —también en el caso de los hombres— una terapia de reemplazo hormonal bajo supervisión médica.

Entre los suplementos que han demostrado eficacia en la andropausia contamos con los siguientes:

- **Zinc y vitamina D3.** Son claves para mantener niveles saludables de testosterona y prevenir su descenso acelerado.

- ***Ashwagandha* y *ginseng* siberiano.** Son adaptógenos útiles para mejorar la vitalidad, la libido, la respuesta al estrés y el estado anímico.
- **Omega 3 y coenzima Q10.** Ofrecen protección cardiovascular, cerebral y mitocondrial.
- **L-carnitina y ácido D-aspártico.** Apoyan la producción natural de testosterona y la calidad espermática en hombres mayores que desean mantener la fertilidad y el rendimiento físico.
- **Magnesio + complejo B.** Reducen la irritabilidad, mejoran la recuperación muscular y previenen la fatiga mental.

Creatina: más allá del músculo

Aunque tradicionalmente se ha vinculado con el mundo deportivo, la creatina es una molécula con múltiples beneficios para adultos de mediana edad, especialmente en el contexto de la **menopausia** y la **andropausia**.

Entre sus beneficios, respaldados por evidencia, se incluyen:

- **Prevención de la sarcopenia** (pérdida progresiva y generalizada de masa muscular, fuerza y rendimiento físico). Estimula la síntesis de fosfocreatina y ayuda a conservar la masa muscular, algo crucial tras los cuarenta y cinco o cincuenta años.
- **Mejora del rendimiento físico.** Proporciona más fuerza, resistencia y capacidad de recuperación, incluso en personas no deportistas.

- **Soporte cognitivo.** Se han observado mejoras en funciones como la memoria, la velocidad de procesamiento y el estado de ánimo, especialmente en mujeres perimenopáusicas.
- **Fatiga y calidad de vida.** Hay estudios que muestran que la suplementación con creatina (3-5 g/día) puede mejorar la sensación de vitalidad y reducir la fatiga crónica.

La **forma recomendada** es la creatina monohidratada micronizada, sin aditivos. Lo ideal es tomarla **acompañada de carbohidratos** (fruta, batidos) para mejorar su absorción.

Transición consciente: mucho más que hormonas

El descanso nocturno, el movimiento regular (especialmente ejercicios de fuerza y equilibrio), una alimentación antiinflamatoria rica en fitoquímicos, la conexión emocional y el trabajo interior son pilares fundamentales para vivir esta etapa como una oportunidad de renacimiento.

Antes de conocer cuáles son nuestras necesidades en la vejez, te propongo revisar cuáles son las recomendaciones generales para la edad adulta:

RECOMENDACIONES PARA ESTA ETAPA

SÍNTOMA/OBJETIVO	SUPLEMENTOS DESTACADOS
SOFOCOS, SUDORES	Isoflavonas, lúpulo, cimicífuga, magnesio, vitamina E.
ANSIEDAD, IRRITABILIDAD	Azafrán, *ashwagandha*, complejo B, magnesio.
INSOMNIO	Melatonina, magnesio bisglicinato, *ashwagandha*, azafrán.
OSTEOPENIA/ OSTEOPOROSIS	Calcio, magnesio, vitamina D3, vitamina K2, colágeno + silicio.
PÉRDIDA DE MASA MUSCULAR	Creatina, proteína vegetal o *whey*, vitamina D, ejercicios de fuerza.
PROTECCIÓN CARDIOVASCULAR	Omega 3, coenzima Q10, vitamina K2, curcumina.
CUIDADO DEL ÁNIMO Y LA MEMORIA	Azafrán, creatina, omega 3 (DHA), rhodiola.

IMPORTANTE

La suplementación no busca frenar el proceso natural de envejecimiento, sino suavizar sus efectos y dar al cuerpo las herramientas para adaptarse con armonía.

4. Tercera edad: longevidad saludable

La vejez no se limita a una menor absorción intestinal, a una reducción en la producción de ácido clorhídrico o a la pérdida de masa muscular y cognitiva. Con el paso de los años, también se alteran la función mitocondrial, el equilibrio hormonal y la capacidad de reparación celular, factores que influyen directamente en la salud y el aprovechamiento de los nutrientes. Todos estos cambios forman parte natural del proceso de envejecimiento y varían en función del individuo. El objetivo es mantener la autonomía, prevenir la fragilidad y conservar la vitalidad.

Entre los suplementos importantes para esta etapa vital destacan:

- **Vitamina B12 (metilcobalamina).** Su absorción disminuye con la edad. Previene la anemia, la fatiga y las alteraciones neurológicas.
- **Vitamina D y calcio + K2.** Prevención de fracturas y osteoporosis.
- **Curcumina (biodisponible).** Es un antiinflamatorio natural para articulaciones y cerebro.
- **Fosfatidilserina y colina.** Suponen un soporte cognitivo.
- **Proteínas** (suplementación en forma de aislado vegetal o suero si hay riesgo de sarcopenia).

Caja de casos clínicos

Caso 1: la energía de volver a empezar

Antonio, de sesenta y siete años, jubilado y amante del senderismo, empezó a notar que le faltaba energía en sus caminatas de siempre. Dormía bien, comía sano y no tenía ninguna enfermedad importante, pero el cansancio se había convertido en un compañero constante. «Será la edad», decía, resignado. Sin embargo, su analítica mostró niveles bajos de vitamina B12 y vitamina D, junto con un déficit leve de hierro y magnesio.

¿Qué hicimos? Le propusimos una pauta sencilla: vitamina B12 sublingual, vitamina D3 + K2, magnesio bisglicinato y una alimentación rica en legumbres, pescados azules y verduras verdes. También recuperó el hábito de tomar el sol y realizar ejercicios de fuerza suaves para mantener su masa muscular. En apenas un mes, Antonio volvió a subir cuestas sin esfuerzo. «Creía que envejecer era perder energía, pero solo me faltaba nutrirme bien para recuperarla», comentó al final de la revisión.

Caso 2: crecer con fuerza

Paula, de nueve años, era una niña activa que practicaba natación dos veces por semana. Llevaba una alimentación variada, pero en los últimos meses sus padres habían notado que estaba más cansada, tenía dificultades para concentrarse en el colegio y sufría calambres nocturnos. No presentaba ninguna enfermedad, aunque sus analíticas mostraron niveles bajos de vitamina D y magnesio, y un hierro en el límite inferior del rango normal.

¿Qué hicimos? Reforzamos su alimentación con más legumbres, huevos, frutas y verduras frescas. Aumentamos las exposiciones breves al sol y añadimos vitamina D3 en dosis pediátricas, junto con magnesio suave en formato líquido para mejorar la relajación muscular y el descanso. También incorporamos hierro bisglicinato durante ocho semanas. Al mes, Paula dormía mejor, los calambres habían desaparecido y sus profesores comentaban que estaba más atenta en clase. «La veo con otra energía, vuelve a ser ella misma», me dijo su madre, emocionada.

Caso 3: nutrir dos vidas a la vez

Clara, de treinta y dos años, era maestra de infantil y estaba embarazada de doce semanas. Llevaba un estilo de vida saludable, pero en el primer trimestre comenzó a notar un cansancio más intenso de lo habitual, que sus uñas estaban quebradizas y una sensación de falta de aire al subir escaleras. Su analítica reveló niveles bajos de hierro, déficit de vitamina D y un omega 3 por debajo del ideal para el desarrollo neurológico fetal.

¿Qué hicimos? Optamos por un enfoque seguro para el embarazo: hierro bisglicinato para mejorar la anemia de forma suave, vitamina D3 en dosis adecuadas y un omega 3 rico en DHA para apoyar el desarrollo cerebral del bebé. Recomendamos también priorizar el sueño y aumentar la ingesta de proteínas y verduras verdes. A las ocho semanas, Clara se sentía más fuerte, respiraba mejor y había recuperado su energía. «Ahora siento que estoy cuidando de mí y de mi bebé al mismo tiempo», compartió, sonriente.

IMPORTANTE

Cada etapa de la vida tiene sus propias necesidades. Envejecer con vitalidad no es cuestión de suerte, sino de conciencia: de ofrecer al cuerpo los nutrientes que en cada momento necesita para seguir viviendo con alegría.

Conclusión: la suplementación adaptada es una suplementación inteligente

No existe un suplemento «para todos», igual que no existe una única dieta universal. Las necesidades cambian con el paso del tiempo, y también según el sexo, la genética, el entorno, el nivel de actividad, el historial clínico o incluso el clima.

Este capítulo ha querido ofrecerte una brújula para orientarte. En los siguientes, profundizaremos en la suplementación para funciones específicas: el cerebro, la energía, el sistema inmune, la salud intestinal, el detox, el cáncer, la menopausia... Pero nunca olvides que la base es **escuchar al cuerpo y acompañarlo con inteligencia**.

Porque suplementar no es llenar huecos al azar, sino **nutrir con propósito**.

3.

NUTRICIÓN Y SUPLEMENTOS: UNA RELACIÓN INSEPARABLE

Que tu alimento sea tu medicina,
y que tu medicina sea tu alimento.

HIPÓCRATES

Comenzamos este capítulo con una cita de Hipócrates. Dos mil años después, la medicina moderna vuelve a dar la razón al padre de la medicina. La nutrición es mucho más que energía: es información, es comunicación celular, es la base de la inmunidad, del equilibrio hormonal, del estado de ánimo y del envejecimiento saludable.

Pero en pleno siglo XXI, **la alimentación por sí sola no siempre basta**. Y aquí es donde la suplementación se convierte en una **aliada estratégica**.

La alimentación moderna no siempre alcanza para cubrir las necesidades reales del cuerpo, especialmente en determinadas etapas, condiciones clínicas o estilos de vida exigentes.

En este capítulo vamos a comprender por qué **suplementación y nutrición no son enemigas ni excluyentes, sino aliadas**. Cuando trabajan juntas, pueden ayudarnos a prevenir, tratar y revertir muchos desequilibrios del cuerpo humano.

¿Por qué ya no es suficiente «comer bien»?

Comer bien hoy no es lo mismo que hace cincuenta años. Aunque mantengamos una dieta equilibrada, rica en vegetales, frutas, proteínas de calidad y grasas saludables, muchos factores influyen en el contenido nutricional final del plato.

- **Suelos empobrecidos.** Diversos estudios han demostrado que los suelos agrícolas actuales contienen menos minerales esenciales que hace décadas. El uso intensivo de fertilizantes químicos, pesticidas, las técnicas de monocultivo y la erosión del suelo —la pérdida progresiva de la capa fértil por el viento, el agua y las prácticas agrícolas agresivas— han reducido el contenido de **magnesio, zinc, selenio** y otros **micronutrientes** en frutas y verduras.
- **Cosechas prematuras y almacenamiento prolongado.** Para facilitar su distribución, muchos alimentos se cosechan antes de su madurez natural, lo que

disminuye su densidad nutricional. Además, el transporte y el almacenamiento reducen progresivamente las vitaminas sensibles a la luz y al oxígeno, como la C y algunas del grupo B.

- **Estrés crónico y estilo de vida acelerado.** El cuerpo bajo estrés consume más nutrientes, especialmente **magnesio, vitaminas del grupo B, vitamina C** y **zinc**. La falta de sueño, el sedentarismo, el exceso de pantallas o la sobrecarga mental también agotan nuestras reservas.
- **Interacciones farmacológicas.** Muchos fármacos de uso común reducen la absorción de nutrientes o aumentan su eliminación. Es lo que ocurre, por ejemplo, con el **omeprazol** y los **antiácidos** (que reducen la absorción de B12, hierro, magnesio y zinc), los **anticonceptivos hormonales** (que agotan el folato, la vitamina B6, el magnesio y el zinc) o las **estatinas** (que reducen los niveles de coenzima Q10, esencial para la energía celular).

Pero ¿qué aporta la suplementación que no cubre la dieta? La suplementación bien dirigida **no sustituye** a una alimentación saludable, pero sí puede:

- Corregir deficiencias o carencias ocultas.
- Potenciar funciones fisiológicas específicas (inmunidad, cognición, energía, digestión...).
- Apoyar la recuperación en situaciones clínicas (infecciones, fatiga crónica, estrés, menopausia...).
- Prevenir el deterioro relacionado con el envejecimiento o con estilos de vida exigentes.

En definitiva, **actúa como una «herramienta terapéutica nutricional»** que optimiza procesos fisiológicos esenciales.

Sinergias entre nutrientes y alimentos

Una de las claves más fascinantes de la nutrición funcional es la **sinergia entre nutrientes**. Es decir, cómo ciertos suplementos funcionan mejor cuando se combinan con alimentos o con otros nutrientes específicos.

EJEMPLOS PRÁCTICOS DE SINERGIAS

COMBINACIÓN	BENEFICIO
Vitamina D + grasa saludable (aguacate, frutos secos, aceite de oliva)	Mejora la absorción intestinal de vitamina D, que es liposoluble.
Hierro + vitamina C (cítricos, pimientos, fresas)	La vitamina C aumenta la biodisponibilidad del hierro vegetal.
Cúrcuma + pimienta negra + grasa saludable	La piperina de la pimienta negra mejora hasta un 2.000 % la absorción de la curcumina.
Magnesio + vitamina B6	Proporcionan apoyo neuromuscular y regulación del sistema nervioso.
Vitamina K2 (soja fermentada, ciertos quesos curados, chucrut) + vitamina D3 + calcio (sardinas con espina, almendras, brócoli, col rizada, sésamo, legumbres)	Promueven una correcta mineralización ósea y evitan la calcificación arterial.

Estas sinergias nos muestran que no se trata solo de qué suplemento tomas, sino de **cómo lo tomas, con qué lo combinas y en qué momento del día.** La suplementación eficaz es precisa, personalizada y respetuosa con la fisiología del cuerpo.

¿Cuándo tiene sentido suplementar?

La suplementación tiene sentido cuando...

- Existe una **carencia demostrada o sospechada**, como déficit de vitamina D, hierro o B12.
- Se atraviesan **etapas de mayor demanda** (crecimiento, embarazo, lactancia, menopausia, vejez, situación de estrés...).
- Se quiere **prevenir el deterioro cognitivo o la pérdida de masa ósea o muscular**.
- Se busca **apoyar funciones específicas**: memoria, descanso, fertilidad, rendimiento, digestión...
- Se toman **medicamentos** que interfieren con la absorción de nutrientes. Por ejemplo, los antibióticos pueden reducir la síntesis de vitaminas del grupo B; el omeprazol y el pantoprazol disminuyen la absorción de vitamina B12, magnesio, calcio y hierro; los anticonceptivos orales pueden reducir los niveles de vitamina B6, B12, magnesio y zinc; los corticoides o estatinas afectan al metabolismo del calcio, de la vitamina D y de la coenzima Q10; los diuréticos pueden provocar pérdidas de magnesio y potasio.

- Se siguen **dietas restrictivas** o con menor biodisponibilidad (veganismo, dietas terapéuticas, ayuno prolongado).

RECUERDA

El objetivo no es tomar más, sino tomar mejor. Más no siempre es mejor. Una suplementación inteligente es aquella que se adapta a la persona, al contexto y a sus objetivos de salud.

Errores frecuentes en la suplementación

Alimentar y suplementar son una combinación poderosa. La salud nace en la cocina, se fortalece con el descanso, se potencia con el movimiento... y se afina con una suplementación bien dirigida. Pensar que con comer «un poco de todo» es suficiente es subestimar las carencias nutricionales silenciosas del siglo XXI. Y pensar que los suplementos son milagrosos es olvidar la base esencial de una dieta rica en colores, texturas, fibra, antioxidantes y compasión por el cuerpo.

La nutrición y la suplementación, juntas, pueden hacer maravillas. Con todo, hay una serie de errores comunes que debes evitar.

- **Usar suplementos como sustitutos de una dieta pobre:** ningún suplemento puede compensar una dieta basada en ultraprocesados.
- **Suplementarse sin supervisión profesional:** algunos nutrientes pueden interferir con medicamentos o tener efectos adversos en exceso.
- **Elegir productos de baja calidad:** muchos suplementos contienen excipientes, dosis ineficaces o formas poco biodisponibles.
- **No tener en cuenta la sinergia o antagonismo entre nutrientes:** por ejemplo, el calcio compite con el hierro si se toman juntos.
- **Exceder la dosis recomendada.**

RECUERDA

No se trata de sumar más cosas a tu vida, sino de elegir con consciencia lo que de verdad te nutre.

Cómo escoger un buen suplemento alimenticio

La diferencia entre lo que nutre y lo que solo «llena el bote»

Vivimos una auténtica revolución de la suplementación. Las estanterías de farmacias y herbolarios y las tiendas *online* están repletas de cápsulas, sobres, gomitas, polvos, gotas y comprimidos que prometen salud, energía, inmunidad, juventud o bienestar emocional. Pero no todos los suplementos son iguales. Y no basta con que un producto contenga una vitamina o un mineral para que sea útil, absorbible o beneficioso.

Elegir un buen suplemento alimenticio requiere conocimiento, conciencia y criterio. Porque, en este mundo creciente en opciones, hay productos de excelente calidad... y hay otros que pueden ser ineficaces, estar mal formulados o resultar incluso perjudiciales por sus excipientes o aditivos.

Este capítulo te enseñará a diferenciar un suplemento bien formulado de uno mediocre, a leer etiquetas como si fueras un profesional y a entender que lo que no se ve (la biodisponibilidad, las sinergias, la forma molecular, los excipientes...) es tan importante como lo que se promete en la portada del bote.

¿Qué define a un buen suplemento?

Un buen suplemento debe cumplir al menos **cinco criterios esenciales**:

1. **Forma activa y biodisponible.** No todas las formas de un nutriente son iguales. Por ejemplo:
   - **Magnesio.** El **bisglicinato de magnesio** es mucho más absorbible y digestivo que el óxido de magnesio, que apenas se absorbe y puede causar diarrea.
   - **Vitamina B12.** Preferiblemente en forma de **metilcobalamina o hidroxocobalamina**, más activas y biodisponibles que la cianocobalamina.
   - **Zinc.** Mejor en forma de **picolinato, citrato o bisglicinato** que en forma de óxido de zinc, de baja absorción.
2. **Dosis fisiológicas y seguras.** Ni más es mejor, ni todo sirve para todos. Un buen suplemento respeta la evidencia científica y no se sobredosifica sin razón.
3. **Libre de aditivos perjudiciales.** Muchos suplementos llevan colorantes, edulcorantes artificiales, conservantes o aglutinantes que no aportan valor nutricional y, en algunos casos, pueden ser irritantes o proinflamatorios.
4. **Etiquetado claro y completo.** Debe indicar la **forma molecular, la cantidad exacta de cada ingrediente activo, el modo de uso, la procedencia** de los extractos y los excipientes utilizados.
5. **Transparencia en los ingredientes y sinergias inteligentes.** Un buen suplemento no contiene una lista interminable de nutrientes mezclados sin lógica. Está diseñado con conocimiento fisiológico y nutricional, priorizando combinaciones sinérgicas y evitando incompatibilidades.

COMPARATIVA DE FORMAS DE SUPLEMENTOS

SUPLEMENTO	FORMA	BIODISPONIBILIDAD	DIGESTIBILIDAD	RECOMENDADO PARA
Magnesio	Bisglicinato	Alta	Alta	Estrés, insomnio, dolor muscular
Magnesio	Citrato	Media-alta	Media	Calambres, mala digestión
Magnesio	Óxido	Baja	Baja	Uso general
Zinc	Picolinato	Alta	Alta	Sistema inmunitario
Zinc	Citrato	Media	Media	Uso general
Zinc	Óxido	Baja	Baja	Formulaciones económicas
Cromo	Picolinato	Alta	Alta	Regulación de la glucosa
Cromo	Cloruro	Media	Media	Uso general
Vitamina B12	Metilcobalamina	Alta	Alta	Sistema nervioso
Vitamina B12	Cianocobalamina	Media	Media	Prevención del déficit de vitamina B12
Vitamina C	Ácido ascórbico	Alta	Media	Inmunidad, estrés oxidativo
Vitamina C	Ascorbato cálcico	Media	Alta	Uso prolongado y digestión sensible

Cómo leer una etiqueta (y no dejarse engañar)

Aprender a leer la etiqueta de un suplemento es como aprender a leer los ingredientes de un alimento ultraprocesado: cambia tu forma de consumir.

¿En qué debes fijarte?

FORMA MOLECULAR	No basta con ver qué suplemento contiene —por ejemplo, magnesio—, sino que es importante conocer la forma química en la que se presenta, ya que afecta a su absorción y eficacia. ¿Es citrato de magnesio, óxido de magnesio o bisglicinato? Esta información lo es todo en términos de absorción.
CANTIDAD POR DOSIS	Asegúrate de que el suplemento indique la cantidad exacta de cada ingrediente por dosis y no solo la «mezcla propietaria». Esta cantidad debe compararse con los valores recomendados diarios.
% VRN	El valor de referencia nutricional (VRN) puede ayudarte a saber si es una dosis fisiológica o exagerada, y te permite conocer qué parte de las necesidades diarias cubre ese suplemento.
OTROS INGREDIENTES	Aquí es donde se incluyen excipientes, aglutinantes, colorantes y edulcorantes. Presta especial atención a la presencia de alergenos o de azúcares añadidos.

Excipientes: los que sí y los que no

Un excipiente no es un principio activo, ni una sustancia curativa. La Real Academia lo define como «sustancia inerte que se mezcla con los medicamentos para darles consistencia, forma, sabor u otras cualidades que faciliten su dosificación y uso». Muchos suplementos necesitan excipientes para poder fabricarse, pero hay diferencias claves entre unos y otros. Son **excipientes aceptables o neutros**:

- La celulosa vegetal.
- El estearato de magnesio en dosis moderadas (controvertido, pero es seguro si no se abusa).
- El ácido esteárico vegetal.
- La maltodextrina ecológica (si no hay otra opción).
- La inulina, el almidón de tapioca y la goma arábiga.

Debes **evitar**, si es posible:

- El dióxido de titanio (colorante).
- El talco (antiaglomerante).
- Los aromas artificiales.
- El polietilenglicol o propilenglicol (solventes sintéticos).

Edulcorantes y saborizantes: ¿cuáles sí?

Especialmente en suplementos masticables, líquidos o en polvo, es común el uso de edulcorantes.

- Son **opciones naturales y seguras**: la estevia (pura, no mezclada con otros edulcorantes), el eritritol de fermentación natural, el fruto del monje *(monk fruit)* y los aromas naturales certificados.

- Debes **evitar**: la sucralosa, el aspartamo, el azúcar, la maltodextrina, el jarabe de maíz alto en fructosa y los aromas artificiales.

Formatos de presentación: mucho más que cápsulas o polvos

La forma en la que llega un nutriente a tus manos —y de allí a tu organismo— influye en la absorción, la estabilidad, la comodidad y el coste. Veamos con lupa qué aporta (y qué limita) cada formato.

Cápsulas duras (vegetales o de gelatina)

Son dos mitades cilíndricas que se encajan. La más usada hoy es la hipromelosa (HPMC), derivada de la celulosa, ya que es apta para veganos, resistente al calor y prácticamente neutra al paladar.

También existe la gelatina bovina o porcina, económica y muy común, pero no es admisible en dietas veganas o con ciertas restricciones religiosas.

VENTAJAS	LIMITACIONES
Biodisponibilidad constante: se disuelven en 5-15 minutos en el estómago. Protegen ingredientes sensibles a la luz y al oxígeno. Enmascaran el sabor y el olor. Permiten mezclas personalizadas: un mismo envase puede incorporar vitaminas, adaptógenos y electrolitos en polvo microgranulado.	Capacidad máxima ≈ 800 mg; dosis altas de magnesio o colágeno requerirían varias cápsulas. Necesitan un agente de flujo (por ejemplo, estearato de magnesio) para llenarse con precisión.

Son recomendables para personas con digestión normal que buscan comodidad y una dosificación exacta y para viajeros, ya que pesan poco y no manchan.

Cápsulas blandas *(softgels)*

Son una envoltura de gelatina o almidón de tapioca, sellada y rellena de aceite o suspensión lipídica.

Son ideales para contener nutrientes liposolubles: omega 3, vitamina D, coenzima Q10, vitamina E, astaxantina, así como ingredientes sensibles a la oxidación, ya que el aceite queda protegido en atmósfera inerte.

VENTAJAS	LIMITACIONES
Alta absorción (ya van «emulsionadas»). Se pueden perforar y exprimir para dar a niños o ancianos con disfagia.	Menor vida útil en climas cálidos si no se usan antioxidantes (romero, tocoferoles). Más caras y no aptas para veganos, salvo versiones de alginato o agar (todavía minoritarias).

Comprimidos

Compuestos de un polvo compactado a alta presión con aglutinantes (celulosa microcristalina, maltodextrina), y pueden estar recubiertos o no.

VENTAJAS	LIMITACIONES
Son rentables: caben hasta 1.200 mg; lo que implica envases más pequeños y mejor logística. Aplican posibles tecnologías de liberación retardada (*enteric coated*) que salvan el ácido gástrico.	Incluyen más excipientes: colorantes, lacas, dióxido de titanio (¡evítalo!), polietilenglicoles para barniz... Disolución más lenta; en estómagos hipoclorhídricos pueden quedar intactos. Son difíciles de partir si la dosis ha de ajustarse.

Son una buena opción para tratamientos de larga duración (calcio, glucosamina), en los que se busca economizar.

No son recomendables para personas con gastritis, colon irritable o alergias múltiples.

Polvos a granel o *sachet*

Se componen de nutrientes finamente molidos, a veces microencapsulados, que el usuario mezcla con agua, zumo o *smoothies*.

VENTAJAS	LIMITACIONES
Facilitan la toma de dosis altas: creatina 5 g, L-glutamina 10 g, proteína 30 g.	Pueden presentar sabor amargo (magnesio), o efervescencia extra (vitamina C pura).
La personalización es total: puedes combinar magnesio bisglicinato + inulina + electrolitos en una sola toma.	Necesitan antiaglomerantes naturales (sílice, arroz orgánico) para no apelmazarse.
Se absorben rápido; útiles *intra-workout* (aporte de nutrientes durante el entrenamiento o competición).	

TIP

Elige polvos sin aromas artificiales y endúlzalos tú con trozos de fruta o un toque de estevia líquida o elige polvos con extracto puro de estevia.

Líquidos, gotas y espráis

Son disoluciones o suspensiones hidrofílicas/oleosas en frascos con cuentagotas o viales monodosis.

VENTAJAS	LIMITACIONES
Absorción ultrarrápida (empieza ya en la mucosa sublingual). Ajuste milimétrico de la dosis: son ideales en pediatría (vitamina D 400 UI/gota). Perfectos para vitaminas liposolubles y extractos herbales hidroalcohólicos (pasiflora, melisa…).	Necesitan conservantes si llevan agua: ácido sórbico o benzoato. Escoge preferiblemente los que usan glicerina y extracto de romero. Caducan antes (6-12 meses tras abrir).

Gomitas y masticables

Son matrices de gelatina, pectina o almidón con jarabes, aromas y colorantes moldeadas en formas divertidas.

VENTAJAS	LIMITACIONES
Buena adherencia terapéutica en niños o adultos reacios a tomar pastillas.	Presentan azúcares añadidos o polioles (pueden causar gases).
Se pueden enriquecer con fibra prebiótica o colina.	Permiten dosis pequeñas: para 500 mg de omega 3 necesitarías unas 10 gomitas.
	El calor durante el transporte las deforma y pierden principios activos.

Son un formato adecuado en caso de carencias leves o como «muleta» para iniciar un hábito, no en protocolos terapéuticos exigentes.

Otros formatos emergentes

FORMATO	VENTAJA DIFERENCIAL	EJEMPLO PRÁCTICO
LIPOSOMALES	Microesferas fosfolipídicas que protegen y multiplican la absorción.	Vitamina C liposomal → menor irritación gástrica. Cúrcuma liposomal → mayor absorción.
PARCHES TRANSDÉRMICOS	Liberación sostenida sin paso digestivo.	Melatonina para viajeros.
TABLETAS EFERVESCENTES	Se disuelven completamente, permitiendo una hidratación añadida.	Magnesio + electrolitos tras la práctica del deporte.
ORODISPERSABLES (SUBLINGUALES)	Acción rápida, sin tragar nada	B12 metilcobalamina 1.000 µg

¿Cómo decidir cuál es el **formato ideal** en tu caso?

Debes saber que el «mejor» formato no existe en abstracto: existe el mejor formato *para ti*, tu estilo de vida y tus objetivos de salud. Conociendo las ventajas y las limitaciones de cada uno de ellos, puedes elegir con la misma seguridad con la que escoges un buen aceite de oliva virgen extra o un zapato cómodo: entendiendo la materia prima... y también el «envase».

En todo caso, en el siguiente esquema tienes las indicaciones básicas y los principales criterios de elección.

1. **Objetivo terapéutico**
   - Alta dosis diaria → polvo.
   - Nutriente liposoluble → *softgel* o gotas oleosas.
2. **Perfil del usuario**
   - Niños, ancianos, personas con disfagia → líquido, gomita o sublingual.
   - Veganos estrictos → cápsula vegetal HPMC, nada de gelatina.
3. **Estabilidad del ingrediente**
   - Vitamina C (que oxida fácil) → liposomal o comprimido recubierto.
   - Probióticos sensibles → cápsula entérica que pase el ácido gástrico.
4. **Comodidad y adherencia**
   - Dosis única al día → comprimido de liberación prolongada.
   - Rutinas de gimnasio → polvo *intra-workout*, que además hidrata.

Polvos y extractos: ¿son lo mismo?

No. Muchos suplementos utilizan plantas, pero no todas las presentaciones son igual de potentes.

Los **polvos de planta** son la planta molida, sin estandarizar. En general, son económicos, pero menos potentes.

Por su parte, en el **extracto seco estandarizado** el principio activo está más concentrado y presenta **dosis garantizadas** (por ejemplo, 5% de withanólidos en el extracto de *ashwagandha*, el 95% de curcuminoides en el extracto de cúrcuma). Siempre es preferible si buscamos efectos terapéuticos.

Sinergias e incompatibilidades

Cuando uno más uno son más que dos

En suplementación, la eficacia no solo depende de cada nutriente por separado, sino de cómo interactúan entre ellos. A esto lo llamamos *sinergia nutricional:* cuando dos (o más) ingredientes se potencian mutuamente, mejorando su absorción, su biodisponibilidad o su función.

Entre las **sinergias** útiles y efectivas destacan las siguientes.

- **Vitamina D + K2 + magnesio:** fundamental para la salud ósea y cardiovascular. La vitamina D ayuda a absorber el calcio, la K2 a dirigirlo a los huesos (y no a las arterias) y el magnesio es esencial para activar la vitamina D en su forma funcional.
- **Hierro + vitamina C:** la vitamina C triplica la absorción del hierro no hemo (el de origen vegetal). Ideal para mujeres fértiles, veganas, personas con anemia o con fatiga persistente.
- **Selenio + zinc:** ambos son cofactores esenciales para enzimas antioxidantes (como la enzima glutatión peroxidasa) y para una función tiroidea óptima. Juntos tienen efecto sinérgico en inmunidad y protección celular.
- **Colágeno + vitamina C:** la vitamina C es indispensable para la síntesis de colágeno en el cuerpo. Si tomas colágeno hidrolizado, asegúrate de acompa-

ñarlo con vitamina C (preferiblemente en la misma toma).

- **Omega 3 + cúrcuma (curcumina):** combinación antiinflamatoria potente, útil en casos de dolor articular, enfermedades autoinmunes o inflamación crónica de bajo grado.
- **Complejo B + magnesio + melatonina:** fórmula ideal para estrés crónico y problemas de sueño.
- **Cúrcuma + pimienta negra (piperina):** la piperina inhibe la glucuronidación hepática y aumenta hasta en veinte (incluso cuarenta) veces la biodisponibilidad de los curcuminoides.

Por su parte, son frecuentes ciertas **incompatibilidades**:

- **Hierro + calcio:** compiten por los mismos receptores de absorción intestinal. Es mejor tomarlos en momentos separados del día.
- **Zinc + cobre:** altas dosis de zinc pueden inducir deficiencia de cobre. Pueden ser compatibles, pero en dosis equilibradas (lo ideal, una proporción 10:1 o 15:1).
- **Vitaminas liposolubles (A, D, E, K) sin grasa:** estas vitaminas requieren grasa en la comida para absorberse bien. No se deben tomar en ayunas ni con bebidas ligeras.

Caja de casos clínicos

Caso 1: el despertar de Laura

Laura, de veintinueve años, trabajaba en una agencia de publicidad y llevaba un ritmo frenético. Su día empezaba con café, continuaba con más café y terminaba con cenas improvisadas frente al ordenador. Aunque era delgada y aparentemente sana, sufría ansiedad, estreñimiento y fatiga crónica. En su analítica aparecieron niveles bajos de vitamina D y una ligera disbiosis intestinal, con déficit de lactobacilos.

¿Qué hicimos? Comenzó por lo más simple: volver a comer de verdad. Aprendió a preparar comidas con alimentos frescos, equilibró sus horarios, aumentó el consumo de frutas, verduras y grasas saludables y redujo los alimentos ultraprocesados y con azúcares añadidos. Además, incorporó una suplementación con magnesio bisglicinato, omega 3 y probióticos de cepas específicas para apoyar la digestión y el equilibrio intestinal. A las pocas semanas, su energía y su ánimo mejoraron. Ya no necesitaba varios cafés para funcionar. «Mi mente se aclaró, mi piel cambió y por fin duermo bien», me contó, sonriente.

Caso 2: cuando «más suplementos» no significa «más salud»

Julián, de cuarenta y tres años, era ingeniero informático y llevaba una vida sedentaria, con comidas rápidas frente al ordenador. Para compensar, había empezado a tomar por su cuenta varios suplementos recomendados por amigos y en redes sociales: un multivitamínico genérico, *ginseng*, un «quemagrasas», dos proteínas diferentes y comprimidos de magnesio de baja calidad. En pocas semanas comenzó a notar palpitaciones, irritabilidad, dificultad para dormir y un estreñimiento persistente. Su analítica mostraba niveles elevados de B6 (por megadosis del multivitamínico), magnesio insuficiente pese a la suplementación y una ligera alteración hepática con gamma-glutamil transferasa (GGT) al alza.

¿Qué hicimos? Lo primero fue retirar todos los suplementos y permitir que su organismo se desinflamara. Ajustamos su alimentación hacia un patrón antiinflamatorio rico en vegetales, grasas saludables y proteínas de calidad. Introdujimos solo lo necesario: magnesio bisglicinato, omega 3 y un probiótico multicepa para mejorar la digestión y el funcionamiento intestinal. También pautamos higiene del sueño y caminatas diarias de 20-30 minutos. A las cuatro semanas, Julián dormía bien, su tránsito se había normalizado y la analítica mostraba parámetros hepáticos en rango. «Aprendí que suplementarse no es acumular botes, sino darle a mi cuerpo lo que realmente necesita», me dijo, agradecido.

Caso 3: cuando la mezcla equivocada causa más daño que beneficio

Teresa, de cincuenta y siete años, era profesora de secundaria y llevaba una vida activa. Tras leer sobre «superalimentos» y suplementación antiedad, empezó a tomar cúrcuma en polvo sin estandarizar, té verde en cápsulas, resveratrol, colágeno barato y dos preparados herbales para «mejorar la energía». Comenzó a sufrir acidez, gases, pérdida de apetito y una sensación interna de nerviosismo. Su analítica reveló ferritina baja, déficit de vitamina D y elevación leve de transaminasas, probablemente por la combinación de extractos herbales hepatotóxicos en dosis no controladas.

¿Qué hicimos? Retiramos todos los suplementos no supervisados y realizamos un plan de reparación digestiva: dieta suave, hidratación adecuada y probióticos seleccionados. Añadimos vitamina D3 + K2, omega 3 y un colágeno hidrolizado de buena calidad para mejorar la piel y las articulaciones sin irritar su sistema digestivo. Cuando su estómago se estabilizó, incorporamos cúrcuma estandarizada al 95% con piperina en dosis seguras y siempre junto a alimentos grasos. En ocho semanas, su digestión era ligera, sus niveles de energía habían vuelto a la normalidad y la ferritina había mejorado. «Me di cuenta de que lo natural también necesita conocimiento y medida», me dijo con alivio.

IMPORTANTE

La suplementación no puede sustituir una alimentación viva y consciente, pero puede potenciar sus beneficios. La magia ocurre cuando unimos lo mejor de ambos mundos, los nutrientes del plato y los del laboratorio, al servicio de nuestra salud.

Conclusión: el equilibrio perfecto

La nutrición y la suplementación no compiten entre sí: se complementan. Una aporta la base, el contexto, la información viva que llega a nuestras células a través de los alimentos; la otra actúa como un ajuste fino, una herramienta precisa que permite cubrir carencias, optimizar funciones y acompañar los momentos vitales de mayor demanda.

Comer bien sigue siendo imprescindible, pero hoy sabemos que no siempre es suficiente. Los cambios en el entorno, el ritmo de vida, el estrés crónico, los tratamientos médicos y las distintas etapas biológicas hacen que muchas personas necesiten un apoyo adicional. La suplementación, cuando es consciente, personalizada y basada en la evidencia científica, no sustituye a la alimentación: la potencia.

Este capítulo nos invita a abandonar dos extremos igualmente erróneos: pensar que «con comer de todo basta» y creer que los suplementos son soluciones mágicas. La verdadera salud nace del equilibrio: de una dieta rica en alimentos reales, colores y fibra, combinada con suplementos bien formulados, en dosis adecuadas y con sentido fisiológico.

Cuando nutrición y suplementación caminan juntas, no solo prevenimos enfermedades: construimos energía, claridad mental, bienestar digestivo y una relación más amable con nuestro propio cuerpo.

Al final, no se trata de acumular botes, sino de nutrir la vida. Y ese es, sin duda, uno de los gestos más poderosos de la medicina cotidiana que tenemos en nuestras manos.

4.

SUPLEMENTACIÓN PARA EL CEREBRO Y LA SALUD MENTAL

La salud mental no es solo la ausencia de enfermedad, sino la presencia de claridad, calma, creatividad y conexión.

Vivimos en una época marcada por el estrés constante, la hiperexigencia y la multitarea. La fatiga mental, la niebla cerebral, el insomnio y la ansiedad se han convertido en la norma para millones de personas. Incluso enfermedades como el *burnout* o síndrome del trabajador quemado —trastorno emocional y físico provocado por un estrés laboral crónico que no se gestiona adecuadamente—, la depresión y los trastornos del sueño ya no son excepciones, sino una pandemia silenciosa. Y, sin embargo, rara vez nos detenemos a pensar en algo esencial: **¿tiene nuestro cerebro los nutrientes y el entorno biológico que necesita para funcionar bien?**

Este capítulo es una invitación a conocer los nutrientes que el cerebro necesita para funcionar en plenitud, y cómo la suplementación bien dirigida puede convertirse en una aliada poderosa para la salud mental y emocional.

El cerebro hambriento

Aunque solo representa un 2% del peso corporal, el cerebro consume el **20% de toda la energía diaria**. Cada pensamiento, recuerdo, emoción o decisión requiere un delicado engranaje de neurotransmisores, impulsos eléctricos y reacciones químicas.

Pide mucho, pero le damos poco. Le exigimos enfoque, creatividad y calma, pero a menudo lo alimentamos con comida ultraprocesada, lo sometemos a noches cortas y a un estrés crónico que erosiona su equilibrio.

La comparación es inevitable: igual que un coche no funciona sin aceite ni gasolina, **no podemos pedirle a un cerebro desnutrido que piense con claridad, regule nuestras emociones o nos mantenga motivados**.

La bioquímica del bienestar mental

El bienestar emocional no es solo cuestión de voluntad o de «pensar en positivo»: es una sinfonía bioquímica. Neurotransmisores como la serotonina, la dopamina o el GABA actúan como notas musicales; minerales, vitaminas y grasas esenciales son los instrumentos; y el intestino y las hormonas marcan el ritmo.

Cuando la orquesta está afinada, la mente fluye. Hay calma, concentración, creatividad. Cuando algo falla, aparecen disonancias: ansiedad, apatía, irritabilidad, falta de energía.

Pero ¿qué necesita tu cerebro para rendir al máximo?

1. Grasas estructurales: el papel del DHA (omega 3)

El cerebro es, literalmente, un órgano graso: un 60 % de su composición son lípidos. Entre ellos, el DHA es crucial: mantiene flexibles las membranas neuronales, facilita la comunicación entre neuronas y sostiene la memoria y la concentración.

Cuando falta DHA, las conexiones se vuelven rígidas y la comunicación neuronal se ralentiza. Cuando sobra, la mente está más clara y el ánimo más estable.

Las **dietas ricas en pescado azul** (salmón, sardina, caballa, atún, boquerones...), **algas o suplementos de omega 3** (con alto contenido en EPA y DHA) han demostrado reducir el riesgo de depresión y mejorar la respuesta emocional.

2. Cofactores enzimáticos: magnesio, zinc y vitaminas B

El cerebro es un laboratorio fascinante: miles de reacciones químicas ocurren cada segundo para que pensemos, recordemos, sintamos o decidamos. En este proceso, los neurotransmisores son los mensajeros que permiten que una neurona hable con otra. Pero para que ese lenguaje funcione, el cerebro necesita los «traductores» adecuados: los cofactores enzimáticos, entre ellos, el magnesio, el zinc y las vitaminas del grupo B, verdaderos facilitadores de la comunicación neuronal.

Los neurotransmisores no aparecen por arte de magia: el cuerpo los **fabrica** a partir de nutrientes.

- **Magnesio:** conocido como «el mineral antiestrés», interviene en más de trescientas reacciones bioquímicas y regula la síntesis de serotonina y melatonina.
- **Zinc:** esencial para el equilibrio hormonal y para fabricar GABA, el neurotransmisor que aporta calma.
- **Vitaminas B6, B9 y B12:** las llaves para transformar triptófano en serotonina y tirosina en dopamina.

Cuando faltan estos nutrientes, la «fábrica» de neurotransmisores se frena. El resultado es irritabilidad, apatía, falta de motivación y energía.

3. Antioxidantes: el escudo del cerebro

Cada emoción, cada recuerdo y cada pensamiento generan estrés oxidativo. Si no se frena, las neuronas «se oxidan», envejecen antes de tiempo y pierden rendimiento. Nutrientes como **la vitamina C, la vitamina E, la coenzima Q10, el resveratrol o la cúrcuma** neutralizan los radicales libres y protegen al cerebro.

Además, las dietas ricas en **polifenoles** (frutos rojos, cacao puro, té verde) mejoran la memoria y la agilidad mental.

4. Un intestino en equilibrio: la base de todo

Más del 90% de la **serotonina** —el neurotransmisor de la felicidad— se produce en el intestino gracias a la microbiota.

No podemos hablar de salud mental sin hablar del intestino. El eje intestino-cerebro es una vía de comunicación constante y bidireccional. Cuando la microbiota está sana, envía señales de calma al cerebro. Cuando no lo está, aparecen la ansiedad, el insomnio, la niebla mental y un estado de alerta permanente. Una disbiosis intestinal puede afectar la producción de neurotransmisores, aumentar la inflamación y alterar el estado de ánimo.

Probióticos específicos como *Lactobacillus rhamnosus* o *Bifidobacterium longum* han demostrado efectos calmantes y antidepresivos, ayudando a reducir la ansiedad y a mejorar el estado de ánimo. Acompañarlos de fibra fermentable (prebióticos como la inulina o el almidón resistente) ayuda a mantener una microbiota saludable. Por el contrario, el exceso de azúcar, alcohol y alimentos ultraprocesados perjudica este equilibrio.

IMPORTANTE

Sin un intestino sano, no puede haber una mente sana.

¿Qué ocurre cuando estos factores fallan?

Cuando falta DHA, las membranas neuronales pierden flexibilidad. Cuando escasean magnesio, zinc y vitaminas B, la producción de neurotransmisores se bloquea. Cuando el daño oxidativo avanza, las neuronas se «oxidan» y pierden rendimiento. Cuando el intestino está inflamado, el cerebro recibe señales de alarma constantes.

¿El resultado? Ansiedad, tristeza, falta de energía, apatía, irritabilidad o pérdida de interés por la vida.

Nutrir la mente es posible

En un contexto de detrimento de la salud mental generalizado, es urgente volver a mirar el cerebro no solo como un órgano abstracto o como sede de las emociones, sino como lo que es: un tejido vivo, altamente especializado y profundamente dependiente de los nutrientes que recibe.

Nuestro cerebro es una máquina bioquímica fascinante que está continuamente regenerándose, transmitiendo impulsos eléctricos, sintetizando neurotransmisores y regulando funciones que van desde la memoria y la atención hasta el sueño y el estado de ánimo. Pero para hacer todo eso, necesita ciertas materias primas: grasas esenciales, minerales, vitaminas, aminoácidos, antioxidantes y un entorno fisiológico libre de inflamación crónica.

En un mundo acelerado, desconectado y sobreestimulado, dar al cerebro lo que necesita es un acto de autocuidado radical que puedes empezar hoy mismo:

- Aumenta tu consumo de omega 3. Recuerda que el pescado graso (salmón, sardinas, caballa...), las semillas de lino y chía, las nueces y las algas son ricos en estos ácidos grasos.
- Revisa tus niveles de vitamina D y mantén una alimentación rica en vitaminas B y antioxidantes.
- Introduce magnesio en tu rutina. Empieza por aumentar su consumo a través de tu dieta: vegetales de hojas verdes como las espinacas, frutos secos como las almendras y las nueces, semillas como las de calabaza, legumbres como los garbanzos y las lentejas... son una fuente importante de magnesio.
- Toma suplementos estratégicos cuando haya carencias.
- Regula tu descanso.
- No olvides proteger tu intestino: es tu segundo cerebro.

El bienestar emocional no depende solo de la mente: es también una cuestión de nutrientes, neurotransmisores y mitocondrias. Depende de cómo cuidamos el cuerpo.

La claridad mental, la calma interior y la capacidad de conexión no son privilegios de unos pocos. Son el resultado de una bioquímica en equilibrio... y tú puedes fomentarla. Porque la calma y la alegría no solo se piensan, también se fabrican molécula a molécula.

Nutrientes y suplementos esenciales para la salud mental

El bienestar emocional depende en gran medida de la bioquímica cerebral, y esta, a su vez, de los nutrientes que ingerimos cada día. Algunas vitaminas, minerales, ácidos grasos y compuestos naturales participan directamente en la síntesis de neurotransmisores, en la modulación del estrés o en la protección neuronal frente al daño oxidativo.

A continuación, te cuento los principales nutrientes y suplementos que pueden contribuir al equilibrio mental y cognitivo, siempre como apoyo complementario a una alimentación saludable y a un estilo de vida equilibrado.

- **Omega 3 (EPA y DHA).** El DHA es el principal ácido graso del cerebro y de la retina, es estructural y resulta esencial para las membranas neuronales y la comunicación sináptica. El EPA, por su parte, tiene un efecto antiinflamatorio potente, reduce la inflamación y mejora el estado de ánimo. Diversos estudios muestran que en una dosis óptima mejora, en muchos casos, los síntomas de depresión, TDAH o deterioro cognitivo leve. **Dosis recomendada:** 1.000-2.000 mg/día de EPA + DHA con proporciones altas de EPA. Hay que evitar las formulaciones contaminadas; mejor si están purificadas y certificadas, hechas con productos de calidad y libres de metales pesados.

- **Magnesio.** Actúa como relajante neuromuscular, promueve el sueño, regula la liberación de GABA (un neurotransmisor calmante) y reduce la ansiedad. Un metaanálisis lo ha asociado con un menor estrés percibido; su deficiencia se ha relacionado con ansiedad, irritabilidad, insomnio y cefaleas tensionales. Su forma ideal es en bisglicinato o treonato, por su penetración cerebral, este último con mayor capacidad para cruzar la barrera hematoencefálica. **Dosis recomendada:** 200-400 mg/día, según la tolerancia de cada uno.
- **Vitamina D.** Es conocida por su papel en la salud ósea, pero no solo regula el calcio. Tiene una función inmunomoduladora, antiinflamatoria y neurológica. Estudios observacionales la han vinculado con menor incidencia de depresión, ansiedad y trastornos cognitivos y niveles bajos de vitamina D se asocian con mayor riesgo de depresión y fatiga. Aunque no todos los ensayos han demostrado beneficios al suplementarla, sí se observa que quienes tienen deficiencia (< 30 ng/mL) mejoran su estado anímico al normalizar los niveles. **Dosis recomendada:** 2.000-4.000 UI/día, si hay insuficiencia. Mantener niveles entre 40-60 ng/mL con control médico.
- **Vitaminas B6, B9 y B12.** Son esenciales para la síntesis de serotonina, dopamina y GABA. Su deficiencia puede manifestarse en forma de tristeza, fatiga mental, dificultad de concentración o incluso deterioro cognitivo; en adultos con déficit, suplementarlas mejora la energía, la memoria y el ánimo. Se recomienda utilizarlas en sus **formas activas:** B12 metilcobalamina, B9 metilfolato y B6 piridoxal-5-fosfato,

especialmente en personas mayores, con trastornos digestivos o que siguen dietas restrictivas. **Dosis recomendada:** hay que evitar megadosis prolongadas de B6 (> 100 mg) por riesgo de neuropatía.

- **L-triptófano y 5-hidroxitriptófano (5-HTP).** Son precursores naturales de la serotonina y ayudan a mejorar el sueño, a regular el estado de ánimo y a reducir el apetito compulsivo. No deben combinarse con inhibidores selectivos de la recaptación de serotonina ni con antidepresivos sin supervisión médica. **Dosis recomendada:** 100-200 mg de 5-HTP al atardecer, lejos de comidas proteicas.
- **Adaptógenos.** En situaciones de estrés crónico o agotamiento emocional, las plantas adaptógenas pueden ser grandes aliadas. La *ashwagandha*, por ejemplo, reduce los niveles de cortisol, mejora los estados de ansiedad leve y favorece el sueño. La rhodiola mejora la resistencia mental, reduce la fatiga cognitiva y aumenta la capacidad de respuesta al estrés. La *Bacopa monnieri*, por su parte, ha mostrado efectos positivos sobre la memoria, la atención y la velocidad de procesamiento. Finalmente, el *ginseng* estimula la energía y el enfoque. **Dosis recomendada:** de *ashwagandha*, 300-600 mg/día de extracto estandarizado al 5% en withanólidos; de rhodiola, 200-400 mg/día de extracto estandarizado al 3% rosavinas y 1% salidrósidos; de *Bacopa monnieri*, 300 mg/día de extracto estandarizado al 50% bacósidos; de *ginseng*, 200-400 mg/día de extracto estandarizado al 5-7% ginsenósidos. Estas dosis son las habituales, utilizadas en estudios clínicos. Se deben tomar en periodos

limitados, de cuatro a ocho semanas, con descanso posterior para valorar la respuesta y la tolerancia. Siempre con orientación profesional, especialmente en personas polimedicadas, que toman medicación psicotrópica o con patologías activas.

- **Fosfatidilserina, colina y acetil-L-carnitina.** Mejoran la memoria, la neuroplasticidad y la atención. Apoyan el sistema colinérgico, clave en la concentración. **Dosis recomendada:** de fosfatidilserina, 100-300 mg/día; de colina, 500 mg/día (preferiblemente como bitartrato, citicolina o alfa-GPC); de acetil-L-carnitina, 500-1.500 mg/día.
- **Creatina monohidrato.** Como ya hemos visto, no solo es para los músculos, también mejora la energía cerebral y la memoria de trabajo y reduce la fatiga mental. Ensayos clínicos apoyan su uso para la cognición y el estado de ánimo. **Dosis recomendada:** 3-5 g/día.

Nootrópicos naturales y energía cerebral

Los nootrópicos, también conocidos como «drogas inteligentes» o «potenciadores cognitivos», son sustancias naturales o sintéticas que mejoran las funciones del cerebro, como la memoria, la concentración o la capacidad de aprendizaje.

Algunos nootrópicos se desarrollaron como fármacos para tratar enfermedades neurológicas como el alzhéimer, el TDAH o la demencia senil, mientras que otros se utilizan en personas sanas con el objetivo de optimizar el rendimiento mental y la claridad cognitiva.

Algunos compuestos naturales han demostrado funcionar como nootrópicos, al mejorar la memoria, la concentración o la claridad mental. La creatina, conocida en el mundo deportivo, también tiene efectos positivos sobre la energía cerebral, especialmente en situaciones de estrés cognitivo, falta de sueño o fatiga mental. La fosfatidilserina, la colina y la acetil-L-carnitina participan en la función sináptica y la neuroplasticidad.

Asimismo, la melatonina merece un lugar destacado. Aunque se conoce como la hormona del sueño, también tiene efectos antioxidantes y reguladores del estado de ánimo, sobre todo en personas con alteraciones del ritmo circadiano o insomnio asociado a ansiedad o depresión.

Sin embargo, no todos los nootrópicos son iguales. también existen «nootrópicos de riesgo», como la cafeína o la nicotina, que en dosis elevadas pueden generar dependencia, ansiedad o insomnio.

Por eso, resulta fundamental distinguir entre los nootrópicos naturales y seguros —como la *Bacopa monnieri*, la L-teanina o el magnesio— y aquellos que, aunque estimulan el cerebro a corto plazo, pueden comprometer la salud neuronal a largo plazo.

El estilo de vida como factor clave

No hay suplemento que compense la falta de sueño, el sedentarismo o el aislamiento social. La actividad física regular, el contacto con la naturaleza, las relaciones significativas, la meditación y la exposición matutina a la luz natural tienen efectos neuroplásticos y antidepresivos demostrados. Son, en sí mismos, «suplementos invisibles» pero fundamentales.

Consideraciones especiales: mujeres y pacientes oncológicos

El cerebro femenino está influenciado por las fluctuaciones hormonales del ciclo menstrual y la menopausia. En la **fase premenstrual**, el magnesio y la vitamina B6 pueden ayudar a reducir la irritabilidad. En la **menopausia**, los adaptógenos suaves y el omega 3 ayudan a aliviar los cambios emocionales.

En pacientes oncológicos, la llamada *quimioniebla (chemo-brain)* puede afectar a la memoria y la atención. Los ácidos omega 3, la creatina, la *ashwagandha* y la melatonina han mostrado mejorar la función cognitiva y el sueño en estos casos, con buena tolerancia.

Y si ya tomo psicofármacos...

La suplementación no reemplaza la medicación psiquiátrica, pero puede ser un valioso apoyo. Muchos psiquiatras integrativos combinan ambos enfoques para reducir efectos secundarios, mejorar el sueño o potenciar el bienestar, especialmente con suplementos como 5-HTP o triptófano, que pueden interactuar con inhibidores selectivos de la recaptación de serotonina.

Caja de casos clínicos

Caso 1: cuando la mente se queda sin batería

Elena, de cuarenta y cinco años, era administrativa y madre de tres adolescentes. Siempre había sido activa y optimista, pero en los últimos meses se sentía agotada, irritable y dispersa. Dormía mal, olvidaba tareas sencillas y se sentía desbordada. Su médico le habló de estrés, pero ella intuía que algo más pasaba. Una analítica mostró déficit de magnesio, vitamina D y omega 3, nutrientes clave para el buen funcionamiento del cerebro.

¿Qué hicimos? Un plan integral: suplementación con magnesio bisglicinato, vitamina D3 + K2 y omega 3, además de incorporar pequeños cambios en su estilo de vida: cenas más ligeras, meditación guiada antes de dormir y paseos diarios al aire libre. A las seis semanas, volvió a sentir su mente clara y serena. «No sabía que podía volver a pensar con calma. Creía que vivir acelerada era lo normal», confesó, emocionada.

Caso 2: cuando la ansiedad se convierte en compañera diaria

Marta, de treinta y nueve años, era psicóloga y madre de un niño pequeño. Había sido siempre organizada y tranquila, pero desde hacía meses experimentaba ansiedad constante, tensión en la mandíbula, palpitaciones y una sensación de no poder desconectar nunca. Su trabajo era emocionalmente exigente y, junto con noches de sueño fragmentado, había creado un cóctel de estrés crónico. Su analítica mostró déficit de magnesio, vitamina D insuficiente, omega 3 bajo y niveles elevados de cortisol matutino.

¿Qué hicimos? Creamos un plan de regulación del sistema nervioso basado en tres pilares: descanso, nutrición y fitoterapia. Por la noche, introdujimos lavanda en cápsulas, eficaz para modular la ansiedad sin generar dependencia. Añadimos también magnesio bisglicinato para mejorar la relajación muscular y el sueño, omega 3 para reducir la inflamación y mejorar la señalización neuronal, y vitamina D3 + K2 para apoyar el estado de ánimo. Además, establecimos una rutina diaria de respiración 4-7-8, cenas en horas más tempranas y una hora sin pantallas antes de dormir. A las cuatro semanas, Marta dormía mejor, sus palpitaciones habían disminuido y se sentía más estable mentalmente. «No sabía que mi ansiedad tenía tanto que ver con mis niveles internos. Siento que vuelvo a respirar de verdad», me dijo, con alivio.

Caso 3: sostener la memoria en una etapa delicada

Joaquín, de sesenta y ocho años, era profesor jubilado. Llevaba un estilo de vida activo, caminaba cada día y disfrutaba leyendo, pero en los últimos meses había empezado a notar pequeños fallos de memoria: olvidaba nombres que había aprendido recientemente, sufría despistes al cocinar y dificultad para mantener la atención durante lecturas largas. No le habían diagnosticado enfermedad neurodegenerativa, pero sí tenía antecedentes familiares. Su analítica mostró niveles bajos de vitamina B12, folato en el límite inferior, vitamina D insuficiente, omega 3 muy reducido y homocisteína elevada. Además, se observaban signos de sarcopenia leve, frecuente en esta etapa de la vida.

¿Qué hicimos? Propusimos un plan integral para apoyar su memoria y su rendimiento cognitivo. Introdujimos vitamina B12 sublingual y folato para normalizar la homocisteína, omega 3 rico en DHA para mejorar la comunicación neuronal, y vitamina D3 + K2 para favorecer plasticidad cerebral. Incorporamos también creatina, un nutriente con evidencia creciente en salud cerebral y envejecimiento activo, útil para mejorar la función cognitiva, la energía neuronal y la masa muscular. Además, reforzamos hábitos clave: caminatas matutinas, ejercicios de fuerza tres veces por semana, juegos de memoria y contacto social diario. A las ocho semanas, Joaquín se sentía más despierto y tenía menos despistes y mayor agilidad mental. «Es como si mi cerebro se hubiera puesto en marcha otra vez», me dijo, emocionado.

IMPORTANTE

La mente no se cura solo con pensamientos. También necesita nutrientes, descanso y silencio. Alimentar el cerebro es cuidar nuestra capacidad de disfrutar, crear y amar.

Conclusión: mente nutrida, mente libre

La salud mental no se limita al ámbito emocional. Es también una cuestión bioquímica, inflamatoria y nutricional. Cuando damos al cerebro los nutrientes que necesita, reducimos la carga del estrés, mejoramos la claridad mental y creamos un terreno propicio para la serenidad, la motivación y el bienestar profundo.

La mente necesita palabras, escucha y tiempo..., pero también necesita magnesio, DHA, vitamina B12, antioxidantes y bacterias amigas. Y tú puedes empezar hoy a nutrirla desde dentro.

5.

ENERGÍA Y RENDIMIENTO: CLAVES PARA UNA VIDA ACTIVA

La energía no es solo un estado físico, es una manifestación de equilibrio interior.

¿Cuántas veces has dicho o escuchado frases como «me levanto ya cansada», «no tengo energía para entrenar» o «mi mente está agotada aunque mi cuerpo esté quieto»? La fatiga crónica, el bajo rendimiento y la pérdida de motivación son el nuevo pan de cada día en la sociedad actual. Vivimos en un mundo donde la productividad se mide en horas frente a una pantalla, donde el estrés es constante y donde la desconexión de los ritmos naturales del cuerpo parece la norma.

Sin embargo, **la energía no es un recurso limitado que se gasta y se agota sin remedio**. Se puede recuperar, cultivar y sostener. En este capítulo exploraremos cómo la ciencia, la nutrición y la suplementación pueden ayudarnos a restaurar la vitalidad, mejorar el rendimiento físico y mental, y, sobre todo, mantener un nivel de energía estable y saludable.

¿Qué es realmente la energía?

A menudo, asociamos la palabra *energía* con estar «hiperactivos» o «a tope», pero la verdadera energía no es un subidón puntual (como el que da un café o una bebida energética). **La energía es equilibrio, estabilidad y resiliencia.**

Desde el punto de vista fisiológico, la energía se elabora en unas diminutas «fábricas celulares» llamadas ***mitocondrias.*** Allí, la glucosa y los ácidos grasos se convierten en trifosfato de adenosina (ATP), la molécula que literalmente «enciende» nuestras células.

Cuando las mitocondrias funcionan bien, nos sentimos con claridad mental, fuerza física y resistencia al estrés. Cuando algo interfiere —inflamación, consumo de tóxicos, carencias nutricionales, edad, estrés oxidativo...—, la producción de ATP disminuye y aparece esa sensación de «batería baja».

Factores que sabotean tu energía celular

El estilo de vida moderno supone un ataque constante a esas pequeñas fábricas de energía que son las mitocondrias:

- **Falta de sueño y ritmos circadianos alterados.** Dormir poco o en horarios irregulares apaga el sistema energético.
- **Dieta pobre en nutrientes.** Los ultraprocesados llenan el estómago, pero no alimentan las mitocondrias.
- **Estrés crónico.** «Roba» el magnesio, la vitamina C y las vitaminas del grupo B.
- **Inflamación silenciosa.** La inflamación de bajo grado (producida por mala alimentación, disbiosis intestinal o sedentarismo) daña las mitocondrias.
- **Exposición a tóxicos.** Los pesticidas, los metales pesados y la contaminación actúan como «frenos» en la maquinaria celular.
- **Infecciones latentes.** Virus dormidos o una flora intestinal desequilibrada pueden mantener al cuerpo en alerta, consumiendo energía sin que lo notemos.

La conclusión es clara: recuperar la energía no es cuestión de más café, sino de nutrir las mitocondrias y resetear el cuerpo.

Nutrientes y suplementos que encienden tu vitalidad

Muchas veces, cuando necesitamos «chutes de energía» para encarar la actividad cotidiana, recurrimos justamente a sustancias como la cafeína o a las bebidas energizantes, que rápidamente consiguen despejarnos y darnos una falsa sensación de vitalidad. Sin embargo, son múltiples las consecuencias negativas que implica un exceso de ingesta de las mismas. En su lugar, hay muchas otras sustancias que nos ayudarán a encender nuestra vitalidad sin poner en riesgo nuestra salud.

- **Coenzima Q10 (ubiquinol).** Es como la chispa de un mechero: sin ella, no hay encendido. Resulta fundamental para que las mitocondrias fabriquen ATP. Mejora la fatiga muscular, la resistencia y hasta la salud cardiovascular. Las personas que toman estatinas (para combatir el colesterol) suelen tener niveles bajos de Q10, y suplementarla puede marcar la diferencia. También disponemos de estudios sobre la fibromialgia y el síndrome de fatiga crónica que muestran mejoras en la calidad de vida con la suplementación de coenzima Q10. **Dosis recomendada:** 100-200 mg/día, mejor en forma de ubiquinol (más fácil de absorber).
- **Acetil-L-carnitina.** Piensa en ella como el «transportista» de los ácidos grasos: los lleva hasta las mitocondrias para que se conviertan en energía. Aumenta la energía física, mejora el enfoque mental y el estado

de ánimo y es útil para combatir la fatiga, la depresión leve e incluso para la prevención del deterioro cognitivo. **Dosis recomendada:** 500-1.500 mg/día, en ayunas o antes de entrenar.

- **Vitaminas del grupo B.** Son las «llaves» que abren las puertas de las reacciones químicas que producen energía: sin B1, B2, B3, B5, B6 o B12, la maquinaria energética se ralentiza. Las vitaminas del grupo B mejoran la claridad mental, reducen la fatiga y apoyan el sistema nervioso. Es mejor tomarlas **en formas activas:** metilcobalamina (B12), metilfolato (B9), P-5-P (B6).
- **Adaptógenos energizantes.** Son plantas que ayudan al cuerpo a «adaptarse» al estrés. La **rhodiola rosea** es ideal para quienes se sienten «agotados pero nerviosos»; el **eleuterococo** (*ginseng* siberiano) aporta energía y resistencia; el **cordyceps** es un hongo usado por los atletas de élite para mejorar la oxigenación y la capacidad cardiorrespiratoria (VO_2 máx.). Se recomienda ingerirlos por la mañana o antes de hacer ejercicio, mejor en ciclos (dos meses sí, un mes de descanso).
- **Creatina monohidrato.** Como se ha indicado en páginas anteriores, no es solo para culturistas. Mejora la fuerza, la recuperación y la energía mental en personas con fatiga, mayores o vegetarianas. Estudios sobre la depresión y el deterioro cognitivo sugieren que aporta beneficios. **Dosis recomendada:** 3-5 g/día; no necesita fase de carga.
- **Hierro** (si hay déficit). Uno de los motivos más comunes de fatiga, sobre todo en mujeres. En todo caso,

no lo tomes si no sabes que tienes la ferritina baja, porque el exceso de hierro también daña. Lo mejor es ingerirlo en forma bisglicinato o liposomado, acompañado de vitamina C, para mejorar la absorción.

- **Vitamina D y magnesio.** La vitamina D, además de favorecer la salud de los huesos, regula la inmunidad y la energía. El magnesio está en más de trescientas reacciones metabólicas (incluyendo la producción de energía, la función muscular y nerviosa, y el mantenimiento de la salud ósea), relaja los músculos, calma la mente y ayuda a dormir mejor.

Estilo de vida: la base de la energía real

Los suplementos son como poner gasolina prémium, pero si el coche tiene los neumáticos pinchados, no sirve de mucho. Acompaña la suplementación con un estilo de vida saludable:

- **Duerme entre siete y nueve horas de calidad.** No hay suplemento que sustituya al sueño.
- La **luz solar matinal** ayuda a regular el ritmo circadiano y la producción hormonal.
- Toma **desayunos proteicos:** olvídate de los picos de azúcar que te dejan desplomado a media mañana.
- **Muévete todos los días:** camina, estírate, baila... El cuerpo en reposo se oxida.

- **Respira y conecta:** técnicas como el *mindfulness*, el yoga o los baños de naturaleza te «recargan» tanto como un suplemento.

No hay una pastilla mágica para la vitalidad. La verdadera energía surge de alimentar nuestras células, respetar nuestros ritmos y elegir conscientemente qué nos nutre y qué nos drena.

Si hoy sientes agotamiento, no lo vivas como un fracaso, sino como una señal que te envía tu cuerpo: «Necesito apoyo, necesito descanso, necesito otra forma de vivir». Porque la energía no es solo combustible: es la expresión de un cuerpo y una mente en armonía.

RECUERDA

La energía se cultiva, no se compra.

Protocolos prácticos de suplementación para recuperar la energía

Cada persona vive la fatiga de forma distinta: no es lo mismo el cansancio de una madre que duerme poco, que el de un deportista que entrena dos veces al día o el de alguien que se está recuperando de una enfermedad. A continuación se propone una serie de **protocolos**

orientativos, siempre teniendo en cuenta que lo ideal es personalizar el tuyo con la ayuda de un profesional.

1. Energía para mamás y papás agotados

La maternidad y la paternidad son el «maratón invisible» de la vida. Este cansancio, llevado al extremo, lleva al que se ha denominado como *burnout parental*, caracterizado por el agotamiento ligado a los cuidados, la distancia emocional del hijo o hijos y la pérdida de placer por la crianza.

El objetivo de este protocolo es recargar baterías sin sobreestimular. ¿Qué sabemos que funciona bien?

- **Magnesio bisglicinato:** calma el sistema nervioso y mejora el sueño (300-400 mg por la noche).
- **Complejo B en forma activa:** soporte para los nervios y las mitocondrias (1 cápsula en el desayuno).
- **Rhodiola rósea (adaptógeno):** aporta energía suave y estabilidad emocional (200-400 mg por la mañana).
- **Proteína de calidad** (batido o desayuno proteico): evita picos de azúcar y bajones.
- **Evita la cafeína** en exceso, ya que crea subidones y caídas.

MAÑANA (AL DESPERTAR)	Complejo B (1 cápsula con el desayuno). Rhodiola rósea (200-400 mg) o, si hay mucho estrés, *ashwagandha* (300-600 mg). Desayuno proteico (huevos, yogur griego, batido vegetal).
TARDE (16:00-17:00 H)	Infusión suave (rooibos, manzanilla) en lugar de café.
NOCHE (UNA HORA ANTES DE DORMIR)	Magnesio bisglicinato (300-400 mg). *Ashwagandha* (300-600 mg) en caso de insomnio o ansiedad nocturna (opcional).

2. Energía para deportistas y gente muy activa

Un deportista de élite puede necesitar entre 3.000 y 6.000 kcal diarias, dependiendo del tipo e intensidad del entrenamiento, mientras que una persona que practica actividad física moderada suele requerir entre 2.000 y 2.500 kcal. Esta diferencia explica la importancia de una buena planificación nutricional y suplementación para mantener el rendimiento y evitar lesiones o fatiga.

Para mejorar el rendimiento, la recuperación y prevenir lesiones, prueba...

- **Creatina monohidrato:** 3-5 g/día para potenciar la fuerza y la energía muscular.

- **Citrulina malato** (6-8 g preentrenamiento): favorece la oxigenación y reduce las agujetas.
- **Cordyceps** (1-2 g por la mañana): mejora la resistencia y el volumen máximo de oxígeno.
- **Proteína y electrolitos** postentrenamiento.

MAÑANA (AL DESPERTAR)	Creatina (3-5 g). Cordyceps (1-2 g, con el desayuno).
PRE-ENTRENAMIENTO (30-45 MINUTOS ANTES DE ENTRENAR)	Citrulina malato 6-8 g. Rhodiola (200 mg) o *ashwagandha* (300 mg), si hay mucha intensidad de entrenamiento (opcional).
POST-ENTRENAMIENTO	Batido de proteína de calidad (20-30 g). Agua con electrolitos (sal marina + limón).
NOCHE	Magnesio (300-400 mg) para relajar músculos.

TIP

Hidrátate con agua con sal marina y un chorrito de limón para reponer minerales.

3. Energía en la menopausia y perimenopausia

Los cambios hormonales pueden sentirse como un «apagón» energético. El objetivo de este protocolo es equilibrar las hormonas, mitigar la fatiga y estabilizar el ánimo.

- **Magnesio** (300-400 mg por la noche): ayuda con el sueño y la tensión muscular.
- **Vitamina D3 + K2:** esencial para mantener un buen nivel de energía, el cuidado de los huesos y del sistema inmune.
- ***Ashwagandha*** (300-600 mg por la noche): calma la mente y mejora la calidad del descanso.
- **Coenzima Q10** (100-200 mg por la mañana): para aumentar la vitalidad y cuidar la salud cardiovascular.

MAÑANA (CON EL DESAYUNO)	*Coenzima Q10 (100-200 mg).* *Vitamina D3 + K2.*
MEDIODÍA	*Omega 3 (1-2 g con la comida).*
NOCHE (ANTES DE DORMIR)	*Magnesio (300-400 mg).* *Ashwagandha (300-600 mg).*

4. Recuperar la energía y la vitalidad tras una enfermedad

Tras una cirugía, en la fase de recuperación del cáncer, después de una infección viral o un periodo prolongado de estrés, el cuerpo atraviesa un proceso de reconstrucción y regeneración. En esta etapa, las necesidades nutricionales aumentan: el organismo requiere más energía, proteínas, vitaminas, minerales y antioxidantes para reparar los tejidos dañados, fortalecer el sistema inmune y recuperar la masa muscular perdida.

El pilar fundamental sigue siendo una alimentación equilibrada, un descanso adecuado, una hidratación suficiente y la actividad física progresiva. Es normal sentirse débil o fatigado; si el agotamiento es intenso o persistente, conviene consultar a un médico para descartar posibles déficits o complicaciones.

El objetivo de la suplementación tras una enfermedad es triple: reparar los tejidos, regenerar las células y recuperar la fuerza física y mental. En estos casos, se recomienda:

- **Acetil-L-carnitina** (500-1500 mg): mejora la producción de energía y ayuda a combatir la fatiga tanto física como cognitiva.
- **Coenzima Q10** (100-200 mg): potencia la función mitocondrial y el metabolismo celular, esencial para recuperar la vitalidad.
- **Omega 3** (1-2 g al día): reduce la inflamación, protege las membranas celulares y favorece la regeneración de tejidos.

- **Proteína de alta calidad:** necesaria para reconstruir músculo, piel y órganos; puede obtenerse de alimentos o suplementos.
- **Probióticos:** restauran la microbiota intestinal alterada por fármacos, quimioterapia o estrés, mejorando la absorción de nutrientes y la inmunidad.

En algunos casos también puede ser útil valorar el aporte de vitamina D, magnesio y antioxidantes naturales (como el resveratrol o la NAC), según las necesidades y siempre bajo supervisión médica.

MAÑANA	*Acetil-L-carnitina (500-1.000 mg en ayunas).*
	Coenzima Q10 (100-200 mg).
	Omega 3 (1-2 g con el desayuno).
MEDIODÍA	*Proteína de calidad en la comida o en batido.*
	Probiótico (si está pautado por el médico).
NOCHE	*Magnesio (300-400 mg).*

5. Energía para estudiantes, opositores o trabajos mentales intensos

El cerebro consume más glucosa y oxígeno que cualquier otro órgano. Si tienes un trabajo o una actividad intelectualmente exigente, este protocolo tiene por objetivo proporcionarte claridad mental sin «nerviosismo».

- **Acetil-L-carnitina** para el foco mental.
- ***Ashwagandha*** (300-600 mg) para aportar energía sin ansiedad.
- **Magnesio y complejo B**, para favorecer la calma y mejorar el funcionamiento de los neurotransmisores.
- **Creatina** (3 g), que mejora la memoria y la velocidad de procesamiento.

MAÑANA	Complejo B (con el desayuno). Acetil-L-carnitina (500-1.000 mg antes de empezar a estudiar o trabajar). Rhodiola (200-400 mg) o *ashwagandha* (300-600 mg) en caso de cansancio mental o estrés.
MEDIODÍA	Proteína de calidad en la comida + omega 3 (1-2 g).
NOCHE	Magnesio (300-400 mg).

Caja de casos clínicos

Caso 1: volver a tener chispa

Javier, de treinta y seis años, era entrenador personal. Su vida giraba en torno al movimiento, pero tras una temporada de exceso de trabajo y pocas horas de sueño, comenzó a sentirse sin fuerza, con dolores musculares y un cansancio que no recuperaba descansando. Creyó que se trataba de sobreentrenamiento, pero, en realidad, su cuerpo estaba pidiendo micronutrientes que había ido agotando. Su analítica mostraba niveles bajos de ferritina, zinc y magnesio, además de una leve deficiencia de coenzima Q10.

¿Qué hicimos? Comenzar un plan de recuperación con magnesio bisglicinato, coenzima Q10, creatina y zinc, junto con una alimentación más rica en proteínas de calidad y una reducción de la intensidad de los entrenamientos. En pocas semanas, su vitalidad volvió. «Recuperé la energía y, sobre todo, las ganas de entrenar. No sabía que el exceso también agota», me dijo, sonriendo.

Caso 2: cuando la falta de sueño pasa factura

Nuria, de treinta y siete años, era fisioterapeuta y trabajaba en una clínica deportiva. Alternaba turnos largos con clases de pilates, y por las noches le costaba desconectar. Dormía cinco o seis horas, se despertaba cansada y notaba la mente más lenta, como si funcionara «a medio gas». Además, sufría tensión mandibular y digestiones pesadas. Su analítica mostraba déficit de magnesio, zinc en rango bajo-normal y vitaminas del grupo B ligeramente disminuidas, reflejo de estrés mantenido.

¿Qué hicimos? Enfocamos el plan en restaurar su sistema nervioso y mitocondrial. Introdujimos magnesio bisglicinato para favorecer la relajación, *ashwagandha* para modular el cortisol, coenzima Q10 para mejorar la producción de energía celular, omega 3 para reducir la inflamación silenciosa y probióticos para equilibrar la microbiota, clave en el estrés y el descanso. Además, pautamos una rutina de sueño: luz tenue desde la tarde, cena ligera y respiración 4-7-8 antes de acostarse. Tras seis semanas, Nuria dormía de forma ininterrumpida, su energía era estable y había recuperado la claridad mental. «No sabía cuánto me estaba robando el no dormir bien..., ahora siento que vuelvo a ser yo», me dijo, emocionada.

Caso 3: reconstruir la energía desde dentro

David, de cuarenta y ocho años, era carpintero y había pasado por una cirugía menor tres meses antes. Aunque la recuperación había sido correcta, seguía notando debilidad muscular, cansancio matutino y una sensación de «no llegar» durante la jornada. Había perdido algo de masa muscular y su rendimiento físico había disminuido. La analítica mostraba ferritina baja-normal, déficit leve de carnitina, vitamina D insuficiente y marcadores de inflamación discretamente elevados.

¿Qué hicimos? Nos centramos en apoyar su fase de reparación celular y regeneración de tejidos. Añadimos acetil-L-carnitina para favorecer el metabolismo energético, coenzima Q10 para estimular las mitocondrias, proteína de alta calidad tras el ejercicio para recuperar masa muscular, omega 3 para modular la inflamación y probióticos para mejorar absorción y salud intestinal. Además, programamos ejercicios de fuerza progresiva tres veces por semana y caminatas suaves. En ocho semanas, David había recuperado fuerza, había mejorado su rendimiento laboral y había ganado masa muscular. «Tengo más energía que antes de la cirugía; siento mi cuerpo fuerte otra vez», me dijo, orgulloso.

IMPORTANTE

La energía no solo depende del descanso, sino también de cómo nutrimos nuestras mitocondrias. Escuchar al cuerpo cuando se apaga es el primer paso para volver a encenderlo desde dentro.

Conclusión: cuatro claves para todos

Después de recorrer las distintas formas de recuperar energía y vitalidad, llegamos a unas claves universales que sirven para todos, independientemente de la edad, la condición física o el nivel de actividad. Son hábitos sencillos pero poderosos, que ayudan a mantener el equilibrio y sostener la energía día a día.

- **Hidratación:** bebe un mínimo de un litro y medio a dos litros de agua al día, mejor con una pizca de sal marina y limón.
- **Adaptógenos:** tómalos en ciclos de tres a seis meses y descansa un mes.
- **Vitaminas liposolubles (D, K, E):** ingiérelas siempre con comida que tenga algo de grasa.
- **Consulta los niveles de hierro antes de suplementar:** solo debes tomarlo si hay una deficiencia confirmada.

6.

EL MICROBIOMA INTESTINAL: LA CLAVE DE TODO

*Si el intestino está en equilibrio,
todo el cuerpo lo está.*

Imagina que tu intestino es un jardín secreto. En él conviven millones de pequeñas «criaturas» invisibles: algunas son flores fragantes que embellecen el paisaje; otras, malas hierbas que crecen sin control. Si riegas con agua limpia y cuidas la tierra, ese jardín florece; si lo llenas de basura, pesticidas y químicos, las flores se marchitan y las malas hierbas se apoderan del terreno.

Así funciona tu microbioma intestinal: un ecosistema vivo que puede ser tu mejor aliado o tu peor enemigo.

¿Alguna vez te has sentido hinchado, cansado o de mal humor sin saber por qué? ¿O has notado cómo en una época de estrés o tras un tratamiento con antibióticos cambia tu digestión, tu piel e incluso tu estado de ánimo?

No es casualidad. Cada día, esos billones de microorganismos que habitan en tu intestino trabajan —o luchan— para mantener tu cuerpo en equilibrio. Alimentarlos bien es como invitar a tu propio ejército de «bacterias buenas» a cuidarte.

Hoy, la ciencia lo confirma: tu intestino no solo digiere, también piensa, decide, se comunica y hasta influye en cómo te sientes. Y la mejor noticia es que tú tienes el poder de diseñar ese jardín interior: puedes sembrar salud... o descuidarlo hasta que se convierta en un terreno baldío.

El mapa del intestino: ¿cuántos «habitantes» tienes realmente?

Tu intestino no está vacío: es el hogar de una ciudad superpoblada. Se calcula que alberga entre 100 y 150 billones de microorganismos, lo que significa que tienes diez veces más bacterias que células humanas.

En conjunto, este ecosistema pesa entre 1,5 y 2 kg: ¡más que tu cerebro! No es exagerado decir que el microbioma es un órgano en sí mismo, con sus propias funciones y «decisiones».

Y lo más sorprendente: cada microbioma es único, como una huella dactilar. Tus bacterias reflejan tu historia: cómo naciste, qué comiste de niño, dónde has vivido, cuántas veces tomaste antibióticos o incluso si tienes perro o gato.

¿Qué es el microbioma intestinal?

El microbioma es el conjunto de bacterias, virus, hongos y arqueas que habitan en nuestro intestino, especialmente en el colon. Se estima que hay entre 100 y 150 billones de microorganismos en el cuerpo humano, la mayoría en el intestino, superando en número a nuestras propias células.

El microbioma intestinal es un universo fascinante y complejo, que incluye miles de cepas diferentes con funciones muy variadas. Estas cepas se agrupan principalmente en **filos bacterianos**, siendo los más abundantes en el intestino humano los siguientes:

- **Firmicutes.** Son bacterias claves para la fermentación de fibra y la producción de ácidos grasos de cadena corta (como el butirato, el acetato y el propionato), que nutren nuestras células intestinales, regulan la inflamación y protegen contra enfermedades. Dentro del filo de los firmicutes se incluyen, por ejemplo los *Lactobacillus*, *Clostridium*, *Ruminococcus*.
- **Bacteroidetes.** Son especialistas en la degradación de polisacáridos de los vegetales. Mantienen el equilibrio energético y ayudan a controlar el peso corporal. En este grupo se inscriben *Bacteroides* o *Prevotella*.
- **Actinobacterias.** Menos abundantes, pero muy importantes. Dentro de este grupo destacan las *Bifidobacterium*, fundamentales en bebés lactantes y aso-

ciadas a una mejor inmunidad y salud digestiva. Estudios recientes han revelado la relación entre las bifidobacterias y la longevidad o los indicadores generales de salud.

- **Proteobacterias.** Incluye bacterias potencialmente patógenas, como la *Escherichia coli*. En pequeñas cantidades son normales, pero cuando proliferan pueden provocar disbiosis y enfermedades.
- **Verrucomicrobia.** Forman un grupo pequeño pero interesante. Entre ellas encontramos la *Akkermansia muciniphila*, una bacteria que refuerza la mucosa intestinal, mejora la sensibilidad a la insulina y se asocia con menor riesgo de obesidad y diabetes.

Además de bacterias, el microbioma incluye otros microorganismos clave. Por un lado, los hongos, que conforman el micobioma, como la *Candida albicans*, normal y beneficiosa en pequeñas cantidades, pero potencialmente dañina cuando crece en exceso. Por el otro, los virus, que constituyen el viroma, entre los que destacan los bacteriófagos, responsables de regular el equilibrio de la población bacteriana intestinal.

El equilibrio entre estas cepas es fundamental: cuando hay diversidad y predominan las especies beneficiosas, tenemos buena digestión y menos inflamación, y nuestro sistema inmune funciona mejor. Cuando hay disbiosis (desequilibrio), pueden aparecer problemas como hinchazón, síndrome de intestino irritable, alergias, enfermedades autoinmunes e incluso alteraciones del estado de ánimo.

Cada persona tiene un microbioma único —como decíamos antes, es como una huella dactilar—, influenciado por...

- El tipo de parto (natural o por cesárea).
- El tipo de lactancia (materna o artificial).
- La alimentación, los niveles de estrés y el consumo de fármacos (especialmente antibióticos).
- La exposición a la naturaleza y al entorno microbiológico.

LA MICROBIOTA

Es el conjunto de microorganismos vivos (bacterias, virus, hongos y arqueas) que habitan en un entorno concreto del cuerpo, como el intestino, la piel o la boca. Es decir, se trata de quiénes están ahí.

EL MICROBIOMA

Hace referencia al conjunto del material genético (ADN y ARN) de todos esos microorganismos, así como a sus funciones metabólicas. Es decir, qué hacen y cómo influyen.
La microbiota son los habitantes; el microbioma, su biblioteca genética y funcional.

¿Por qué el microbioma es tan importante?

Una microbiota intestinal sana se distingue por tener una gran variedad y cantidad de microorganismos beneficiosos. Este equilibrio es clave para mantenernos saludables. Cuando se rompe —ya sea porque disminuyen las bacterias buenas, porque aumentan las que pueden ser perjudiciales o porque se reduce la diversidad— se produce lo que se conoce como disbiosis. Este desequilibrio puede afectar negativamente al funcionamiento del sistema digestivo, el sistema inmunológico e incluso al estado de ánimo.

Un microbioma diverso y equilibrado cumple funciones vitales:

- Modula el sistema inmunológico.
- Produce vitaminas (B12, K2, ácido fólico).
- Genera ácidos grasos de cadena corta (como el butirato), que nutren el colon.
- Fabrica neurotransmisores como la serotonina, la dopamina y el GABA.
- Regula la inflamación.
- Protege contra los patógenos.
- Influye en el metabolismo, la absorción de nutrientes y el control del peso.

El microbioma y las enfermedades modernas

La ciencia actual está encontrando conexiones entre la disbiosis y múltiples patologías:

- **Metabólicas:** obesidad, diabetes tipo 2, resistencia a la insulina.
- **Autoinmunes:** artritis reumatoide, tiroiditis de Hashimoto, lupus.
- **Neurológicas:** párkinson, alzhéimer, depresión, ansiedad.
- **Digestivas:** colon irritable, Crohn, colitis ulcerosa.

Cuando hay disbiosis, pueden aparecer múltiples problemas, como fatiga crónica; ansiedad, depresión o niebla mental; alergias, asma o eccemas; intolerancias alimentarias; inmunidad baja; inflamación sistémica; enfermedades autoinmunes o metabólicas; hinchazón o gases frecuentes; heces pastosas, con moco o mal olor; dolor abdominal tras las comidas; mal aliento o lengua saburral; antojos de azúcar o carbohidratos refinados; picor anal o en la piel; e infecciones urinarias o vaginales recurrentes. Como ves... ¡vale la pena cuidar tu microbiota!

UN DATO IMPACTANTE

Estudios recientes demuestran que un microbioma diverso puede predecir una vida más larga y saludable, mientras que una microbiota empobrecida se asocia con un envejecimiento acelerado.

El microbioma infantil: la base de la salud futura

La salud intestinal comienza antes del nacimiento. El tipo de parto (natural o cesárea) marca un antes y un después: los bebés que nacen por parto vaginal reciben de inmediato bacterias protectoras de la madre. Los nacidos por cesárea suelen tener menor diversidad microbiana, y eso se relaciona con más alergias y asma en la infancia.

Lo mismo ocurre con la lactancia materna, que actúa como un «probiótico líquido» cargado de oligosacáridos que alimentan a las bacterias buenas.

¿Conclusión? Cuidar el microbioma en los primeros años de vida programa la salud futura del niño. Por eso, los pediatras hoy recomiendan estrategias de «rescate» en bebés por cesárea o sin lactancia materna, como probióticos específicos.

Microbiota femenina: mucho más que digestión

La microbiota de la mujer es un mundo aparte. Influye en múltiples síntomas y dolencias.

- **Candidiasis e infecciones urinarias:** cuando hay desequilibrio, las bacterias protectoras disminuyen y proliferan hongos como la *Candida albicans*.

- **Ciclo menstrual y menopausia:** la microbiota estrogénica afecta a la salud ósea, la piel y la lubricación vaginal.
- **Embarazo y fertilidad:** una microbiota sana protege al bebé y mejora las tasas de implantación.

UN DATO IMPACTANTE

Cuidar la microbiota intestinal también mejora la microbiota vaginal.

Test de microbiota: lo que tus heces dicen de ti

Puede sonar poco glamuroso, pero la realidad es que las heces son una mina de oro diagnóstica. Lo que ves cada día en el baño es solo la punta del iceberg; detrás hay un universo de información que los análisis de microbiota (también llamados *coprológicos funcionales* o *test de microbiota*) pueden revelar sobre tu salud.

Un análisis de la microbiota no es una simple prueba de heces tradicional (que solo busca parásitos u hongos), sino un estudio avanzado que, gracias a técnicas de la biología molecular (PCR y secuenciación genética 16S), identifica quién vive en tu intestino y cómo está funcionando tu «ecosistema interno».

¿Qué información aporta este tipo de test?

- **Diversidad bacteriana.** Cuantas más especies diferentes haya, mejor. Un microbioma diverso es como una selva tropical llena de vida: resiliente, estable y protector. Una microbiota pobre, en cambio, es como un desierto: cualquier agresor externo puede dañarla.
- **Presencia de hongos, parásitos o virus.** Identifica si hay un sobrecrecimiento de hongos (como *Candida albicans*) o si existen parásitos o virus que alteren la digestión y la inmunidad.
- **Estado de la mucosa intestinal.** Permite ver si la mucosa está íntegra o dañada (lo que se conoce como *intestino permeable*), algo clave en alergias, enfermedades autoinmunes y problemas inflamatorios.
- **Inflamación oculta.** Detecta marcadores como la calprotectina o la lactoferrina, que indican si tu intestino está «en llamas», aunque tú no tengas síntomas evidentes.
- **Perfil metabólico.** Algunos test analizan si tienes bacterias que producen más butirato (antiinflamatorio y reparador) o, por el contrario, bacterias que generan metabolitos tóxicos.
- **Bacterias que «engordan» y bacterias que ayudan a perder peso.** Sí, lo has leído bien: estudios recientes han identificado que un exceso de firmicutes se relaciona con una mayor absorción de calorías y la tendencia al sobrepeso, mientras que una mayor proporción de bacteroidetes está asociada a un metabolismo más eficiente.

¿Cuándo es conveniente hacerse un test de microbiota?

- Si sufres hinchazón, gases, diarreas, estreñimiento o dolor abdominal recurrente.
- Si has tomado muchas tandas de antibióticos.
- Si padeces alergias, problemas autoinmunes o inflamatorios.
- Si tienes sobrepeso que no responde a la dieta ni al ejercicio.
- Simplemente, si quieres conocer mejor el «universo microbiano» que vive dentro de ti.

Un buen test no sirve solo para «cotillear» qué bacterias tienes: es la base para crear un plan de acción personalizado.

- Si falta diversidad: incluye en tu dieta más fibra y fermentados.
- Si hay exceso de *Candida*: reduce los azúcares y añade probióticos antifúngicos.
- Si hay inflamación: recurre a la glutamina, el zinc carnosina y los omega 3.
- Si hay sobrecrecimiento de firmicutes: ajusta la dieta y los probióticos para equilibrar la balanza.

Los test de microbiota son como una radiografía de tu salud digestiva y general. Saber qué está pasando en tu intestino puede cambiar tu manera de alimentarte, de suplementarte y, en última instancia, de sentirte bien en cuerpo y mente.

Suplementos clave y protocolo

Entramos ahora en la parte práctica: cómo «resembrar» tu jardín interior a través de suplementos que restauren y mantengan tu microbiota sana.

1. Probióticos

Son microorganismos vivos que, administrados en cantidades adecuadas, aportan beneficios para la salud. Existen cepas específicas para diferentes desequilibrios.

Entre los probióticos de nueva generación, destacan los *Lactobacillus rhamnosus GG*, que calman la ansiedad y mejoran la salud intestinal; los *Bifidobacterium longum*, que favorecen el eje intestino-cerebro; y los *Akkermansia muciniphila*, que según las investigaciones ayudan a adelgazar y protegen la mucosa.

GUÍA PRÁCTICA DE PRESCRIPCIÓN DE PROBIÓTICOS

SALUD DIGESTIVA	SII, hinchazón, gases, diarrea funcional	*L. plantarum, L. rhamnosus GG, L. casei Shirota, B. infantis* 35624 (10.000-20.000 millones CFU/día).
SALUD DIGESTIVA	Estreñimiento crónico	*B. lactis* BB-12, *L. casei Shirota, L. plantarum* (10.000-20.000 millones CFU/día).

GUÍA PRÁCTICA DE PRESCRIPCIÓN DE PROBIÓTICOS

SALUD DIGESTIVA	Colitis ulcerosa, enfermedad de Crohn, diverticulitis	*Saccharomyces boulardii*, *L. rhamnosus* GG, *E. faecium*, combinación multicepa VSL#3® (20.000-40.000 millones CFU/día).
SALUD METABÓLICA Y CARDIOVASCULAR	Colesterol elevado y triglicéridos	*L. reuteri* NCIMB 30242 (1-2.000 millones CFU/día), *B. breve*, *L. plantarum* (10.000-15.000 millones CFU/día).
OBESIDAD Y RESISTENCIA A LA INSULINA		*L. gasseri* SBT2055, *L. rhamnosus*, *B. animalis lactis* (10.000-20.000 millones CFU/día).
SALUD DE LA MUJER	Vaginosis bacteriana, infecciones urinarias recurrentes	*L. reuteri* RC-14, *L. rhamnosus* GR-1 (1.000-10.000 millones CFU/día).
	Embarazo (prevención de alergias en el bebé)	*L. rhamnosus* GG, *B. lactis* BB-12 (10.000 millones CFU/día).
SALUD CUTÁNEA Y *ANTIAGING*	Acné, eccema, psoriasis	*L. rhamnosus* GG, *L. casei*, *L. plantarum*, *B. breve* (10.000-20.000 millones CFU/día).
	Fotoenvejecimiento, piel sensible	*L. helveticus*, *B. longum* (5-10 mil millones CFU/día).

GUÍA PRÁCTICA DE PRESCRIPCIÓN DE PROBIÓTICOS

SISTEMA INMUNE Y ALERGIAS	Prevención de infecciones respiratorias	*L. casei Shirota*, *L. rhamnosus GG*, *B. lactis* BB-12 (10.000-20.000 millones CFU/día).
	Alergias alimentarias y atopías	*L. rhamnosus GG*, *B. breve*, *B. infantis* (5.000-10.000 millones CFU/día).
PATOLOGÍAS ESPECÍFICAS	Candidiasis intestinal o vaginal	*Saccharomyces boulardii*, *L. reuteri* (5.000-10.000 millones CFU/día).
	Diarrea por antibióticos	*Saccharomyces boulardii*, *L. rhamnosus GG* (250-500 mg/día).

Elige siempre **probióticos multicepa** (al menos, con dos o tres cepas complementarias). Mantén la toma como mínimo entre **ocho y doce semanas** para valorar los efectos y combínalos con prebióticos suaves (inulina, fibra de acacia) para favorecer la colonización.

2. Prebióticos

Los prebióticos son fibras fermentables que alimentan a las bacterias buenas. Entre ellos, se incluyen la inulina, los fructooligosacáridos (FOS), el almidón resistente (plátano verde, arroz enfriado) y las pectinas (manzana, cítricos).

Debes introducirlos poco a poco para prevenir gases o sobrecrecimiento bacteriano del intestino delgado (SIBO).

3. Glutamina

Es un aminoácido esencial para la regeneración del epitelio intestinal. Repara la permeabilidad intestinal *(leaky gut)*, disminuye la inflamación digestiva y mejora la absorción de nutrientes.

La dosis terapéutica se establece en 5-10 g al día, en ayunas o entre comidas.

4. Zinc carnosina y vitamina A

Ambos nutrientes protegen la mucosa intestinal y apoyan la regeneración del tejido epitelial. El zinc es necesario para la función enzimática y la inmunidad intestinal; la vitamina A, por su parte, es clave para la integridad de las mucosas.

5. Enzimas digestivas

En personas con digestiones pesadas o disbiosis, las enzimas ayudan a descomponer los alimentos y evitan fermentaciones indeseadas. Contienen amilasas, proteasas, lipasas, lactasa, bromelina, papaína... Alivian la carga del páncreas y mejoran la biodisponibilidad de nutrientes.

Cómo restaurar tu microbiota paso a paso

Cuidar la microbiota no consiste solo en «tomar probióticos y listo». Cada situación requiere una estrategia distinta, porque tu intestino puede necesitar una «puesta a punto» después de un ciclo de tratamiento antibiótico, un refuerzo en momentos de estrés o un plan intensivo para reparar la mucosa si hay permeabilidad intestinal.

Aquí tienes consejos claros y fáciles de seguir, basados en estudios recientes y aplicados ya en medicina funcional.

Después de un tratamiento antibiótico

Los antibióticos son herramientas poderosas (y a veces imprescindibles) que salvan vidas. Pero también tienen un efecto colateral: arrasan con las bacterias malas... y con las buenas. Después de un tratamiento antibiótico, es como si tu intestino hubiera pasado por un incendio forestal: necesita repoblarse, reequilibrarse y nutrirse de nuevo.

¿Cómo puedes ayudarlo? Sigue las indicaciones que contiene la siguiente tabla.

¿QUÉ TOMAR?	FUNCIÓN	DOSIS
SACCHAROMYCES BOULARDII	Levadura probiótica que no es destruida por los antibióticos y ayuda a prevenir diarreas.	1 cápsula, 2 veces al día, durante la toma de antibióticos y 10 días después de terminado el tratamiento.
PROBIÓTICO MULTICEPA *(LACTOBACILLUS + BIFIDOBACTERIUM)*	Repone la diversidad perdida.	1×10^9 a 2×10^{10} CFU/día (equivalente a 10.000-20.000 millones de bacterias vivas/día). Iniciar justo al terminar los antibióticos. Tomar durante al menos 4-6 semanas.
GLUTAMINA	Repara la mucosa intestinal dañada.	5-10 g al día en ayunas, durante un mes.

TIP

Añade fermentados suaves (kéfir, yogur, chucrut) y mucha fibra para alimentar a las nuevas bacterias.

Intestino permeable: sellar y sanar la mucosa

El síndrome del intestino permeable o *leaky gut* se produce cuando la mucosa intestinal está dañada y pequeñas partículas de alimentos, toxinas o bacterias pasan al torrente sanguíneo, activando la inflamación.

Se asocia a fatiga crónica, alergias, enfermedades autoinmunes, hinchazón y problemas de piel.

¿QUÉ TOMAR?	FUNCIÓN	DOSIS
GLUTAMINA	Aminoácido clave para regenerar los enterocitos (las células de la mucosa).	5-10 g al día, en ayunas.
ZINC CARNOSINA	Sella la barrera intestinal y reduce la inflamación.	75 mg, 1-2 veces al día.
OMEGA 3	Es un potente antiinflamatorio y reparador de tejidos.	1-2 g diarios de EPA + DHA.

Además, se recomienda hacer **ayuno digestivo nocturno** para dar al intestino una pausa diaria para repararse. Lo ideal es dejar **doce horas** entre la cena y el desayuno (por ejemplo, cena a las ocho de la tarde y desayuna a las ocho de la mañana).

RECOMENDACIÓN PROFESIONAL

Elimina el alcohol, los alimentos ultraprocesados y el gluten al menos temporalmente, para no irritar la mucosa mientras se repara.

Tener una mente clara y frenar la ansiedad: el eje intestino-cerebro en acción

El intestino y el cerebro están conectados: lo que ocurre en el primero afecta al segundo. Se calcula que el 90% de la serotonina (el «neurotransmisor de la felicidad») se fabrica en el intestino. Como ya se ha comentado en páginas anteriores, un intestino en disbiosis puede provocar niebla mental, irritabilidad, ansiedad y problemas de sueño. Los siguientes suplementos te ayudarán a combatirlos.

¿QUÉ TOMAR?	FUNCIÓN	DOSIS
BIFIDOBACTERIUM LONGUM	Probiótico estrella para modular el eje intestino-cerebro. Reduce la ansiedad y promueve la calma.	Tomar a diario 5.000-10.000 millones de UFC, durante 2-3 meses.
MAGNESIO	Relaja el sistema nervioso y favorece la síntesis de neuro-transmisores.	200-400 mg de bisglicinato o citrato, preferiblemente por la tarde-noche.
TRIPTÓFANO	Aminoácido precursor de la serotonina. Mejora el estado de ánimo y el sueño.	500-1.000 mg, 30-60 minutos antes de dormir.

TIP

Combina este protocolo con ejercicios de respiración, yoga suave o meditación para potenciar su efecto.

Consejos prácticos para la vida diaria: cómo mimar tu microbiota sin complicarte la vida

Estos protocolos no son recetas mágicas, sino una guía práctica para que aprendas a darle a tu microbiota lo que necesita en cada momento. La clave está en escuchar a tu cuerpo y, si es necesario, contar con la supervisión de un profesional de la salud integrativa.

Recuerda que cuidar tu microbioma es mucho más que tomarte una cápsula: es cultivar tu jardín interior para que florezca tu salud física, mental y emocional. Tampoco implica hacer cambios radicales de la noche a la mañana. Basta con pequeños gestos diarios que, sumados, tienen un impacto enorme en tu salud intestinal y, por extensión, en todo tu organismo.

Aquí tienes los hábitos más poderosos (y fáciles) para nutrir a esas bacterias buenas que tanto hacen por ti.

El reto de los treinta vegetales a la semana

La diversidad es la clave. Cuantos más tipos de fibra comas, más bacterias buenas alimentas. ¿Por qué treinta? Según el American Gut Project, quienes comen al menos treinta vegetales diferentes a la semana tienen una microbiota más rica y variada que quienes comen siempre lo mismo.

¿Cómo aplicarlo en tu día a día?

- Haz una lista semanal: apio, col rizada, rúcula, puerro, boniato, garbanzos, frambuesas, etcétera.
- Cuenta los «colores del arcoíris»: cada color vegetal aporta fibras y polifenoles distintos.
- Cambia la rutina: si siempre comes lechuga, prueba endivia, espinaca *baby* o mizuna.

TIP

Imprime una tabla en la nevera y tacha cada vegetal nuevo que sumes a lo largo de la semana. ¡Te sorprenderá lo rápido que llegas a treinta!

Los fermentados caseros: chucrut, kéfir, kombucha...

Los fermentados son un ejército de bacterias buenas listas para trabajar por ti. Son alimentos vivos que enriquecen tu microbiota y mejoran tu digestión.

- Empieza con pequeñas cantidades (una o dos cucharadas de chucrut, medio vaso de kéfir) y ve aumentando progresivamente.
- Elige fermentados reales (no pasteurizados), porque los pasteurizados han perdido sus bacterias.
- Hazlos en casa: preparar kéfir de agua o leche, kombucha o yogur natural es más fácil de lo que parece y mucho más económico.

RECOMENDACIÓN PROFESIONAL

Toma fermentados con las comidas principales; ayudan a digerir mejor y reducen hinchazón.

El ayuno digestivo: doce horas sin comer de noche

Tu intestino también necesita dormir. Dejar un periodo de doce horas sin comer (por ejemplo, de ocho a ocho, o de ocho y media a ocho y media) permite que el sistema digestivo descanse, repare tejidos y elimine desechos.

No es un ayuno estricto, solo consiste en cenar antes y desayunar un poco más tarde. Si te cuesta, ve ampliando el tiempo poco a poco: empieza por un ayuno de diez horas y sube hasta las doce. Durante ese tiempo, no piques nada, ni siquiera «una galletita»: el descanso tiene que ser real.

El ayuno te ofrece beneficios extras: mejora la sensibilidad a la insulina, favorece la pérdida de grasa y reduce la inflamación.

Sal y ensúciate: vuelve a la naturaleza

Nuestra microbiota necesita microbios del entorno: de la tierra, de los animales, del aire libre. El exceso de higiene y la vida urbana han empobrecido nuestro ecosistema intestinal.

¿Qué puedes hacer para remediarlo? Pasea descalzo por la playa, un parque o el jardín; monta tu propio huerto y cuídalo —si no puedes, anímate con unas macetas de plantas aromáticas—, al tocar la tierra, también «alimentas» tu microbiota; o juega con tu mascota (si tienes): sabemos que la gente con perro suele tener una microbiota más diversa.

TIP

No abuses de los productos desinfectantes en casa. Limpia, sí, pero deja que la vida microbiana natural te rodee.

Estos gestos, aunque parecen sencillos, reprograman tu microbiota poco a poco. No tienes que hacerlos todos a la vez: empieza con uno, conviértelo en hábito, y luego añade otro.

En pocas semanas notarás cambios: mejor digestión, menos hinchazón, más energía, mejor humor… y un intestino más feliz que trabaja 24/7 para cuidar de ti.

El eje intestino-cerebro: tu segundo cerebro

¿Sabías que tu intestino tiene más de 500 millones de neuronas y que produce el 90% de la serotonina que circula por tu cuerpo? Esta red de neuronas, llamada *sistema nervioso entérico*, está tan interconectada con tu cerebro que los científicos la consideran «el segundo cerebro».

El eje intestino-cerebro es la autopista de comunicación que conecta tu sistema digestivo con tu sistema nervioso central. No se trata solo de mensajes que «bajan» del cerebro al intestino (como cuando el estrés te provoca diarrea antes de un examen); también hay mensajes que suben del intestino al cerebro.

Esta conexión se da a través de...

- El nervio vago: un «cable» que envía señales eléctricas en ambos sentidos.
- Hormonas y neurotransmisores: serotonina, dopamina, GABA...
- Moléculas microbianas: sustancias que producen tus bacterias y que viajan por la sangre hasta el cerebro.
- El sistema inmunológico: la inflamación intestinal puede generar inflamación cerebral.

La conexión entre lo que ocurre en tu intestino y tu estado emocional ya no es una teoría: la ciencia la está confirmando con estudios fascinantes.

- Las personas con **SII** presentan tasas más altas de ansiedad y depresión. El SII no es solo un trastorno digestivo: es una condición que afecta a la mente y las emociones. Distintas investigaciones muestran que hasta un 60% de los pacientes que lo padecen sufren ansiedad o depresión. No es simplemente que «los nervios afecten al intestino»: la disbiosis y la inflamación intestinal envían señales de estrés al cerebro, alterando la producción de neurotransmisores como la serotonina. En la práctica, muchos pacientes describen una «doble jaula»: el intestino molesta y la mente se siente atrapada, lo que perpetúa el problema.
- En estudios con animales se ha observado un fenómeno fascinante: cuando los científicos **trasplantan la microbiota intestinal** de ratones ansiosos a ratones tranquilos, estos últimos desarrollan conductas propias de ansiedad, junto con alteraciones en sus niveles hormonales del estrés. Lo más sorprendente es que ocurre también al revés: al trasplantar la microbiota de ratones tranquilos a ratones ansiosos, su nivel de ansiedad disminuye. Estos hallazgos, que parecen sacados de una novela de ciencia ficción, muestran con claridad que la microbiota intestinal puede influir directamente en las emociones y el comportamiento.
- **Probióticos** específicos han demostrado en ensayos clínicos **reducir el cortisol** (hormona del estrés) y **mejorar la resiliencia emocional**. Algunos probióticos se llaman ya *psicobióticos* porque tienen efectos directos sobre la salud mental. En un ensayo clínico, el consu-

mo de *Bifidobacterium longum* y *Lactobacillus helveticus* durante unas semanas redujo significativamente el cortisol en saliva (el marcador más fiable de estrés). Los participantes también reportaron menos ansiedad, mejor calidad del sueño y mayor claridad mental. Esto abre una puerta a una nueva forma de tratar los problemas emocionales: no solo con terapia o medicación, sino también cuidando el intestino.

¿Qué nos enseñan estos ejemplos? Que el intestino y el cerebro se influyen mutuamente. Si la microbiota está desequilibrada, el ánimo se resiente, y si la mente padece estrés crónico, el intestino se inflama y la microbiota se altera.

Por eso, el futuro de la salud mental también pasa por cuidar la microbiota: una revolución que apenas está empezando.

¿Qué puedes hacer para cuidar este eje?

- Alimenta tu microbiota con fibra, fermentados, prebióticos y polifenoles (frutos rojos, cacao puro, té verde).
- Añade probióticos psicobióticos: cepas de *Bifidobacterium longum* o *Lactobacillus helveticus* ayudan a regular el ánimo.
- Reduce la inflamación intestinal: elimina los alimentos ultraprocesados y los azúcares refinados.
- Practica técnicas de relajación: el yoga, la meditación o la respiración diafragmática activan el nervio vago y mejoran la comunicación con el cerebro.

Caja de casos clínicos

Caso 1: cuando el intestino habla

Carmen, de cincuenta y dos años, era administrativa en una asesoría y llevaba una vida bastante sedentaria. Desde hacía años convivía con hinchazón abdominal, digestiones lentas y alternancia entre estreñimiento y diarrea. Había probado dietas de todo tipo, pero cada vez toleraba menos alimentos y su energía parecía apagarse día a día. La analítica mostró déficit de magnesio, vitamina D insuficiente y marcadores de inflamación intestinal elevados. El test de microbiota reveló una clara disbiosis: baja diversidad bacteriana y escasez de bifidobacterias.

¿Qué hicimos? Iniciamos un proceso de reparación intestinal basado en una alimentación antiinflamatoria, reduciendo azúcares añadidos y ultraprocesados, e incluyendo verduras cocinadas, caldos, proteínas de calidad y prebióticos suaves. Añadimos probióticos de cepas específicas, glutamina para regenerar la mucosa intestinal y magnesio para mejorar la motilidad y la relajación. Las primeras semanas fueron lentas, pero a los dos meses, Carmen notó una transformación profunda: su abdomen se desinfló, sus digestiones se volvieron regulares, su piel recuperó luminosidad y su energía aumentó. «He descubierto que mi bienestar empieza en el intestino», me dijo, emocionada.

Caso 2: equilibrio intestinal en la menopausia

Elena, de cincuenta y dos años, era fisioterapeuta y llevaba una vida activa, aunque en los últimos meses notaba que su cuerpo «no respondía igual». Acudió a consulta refiriendo sofocos, insomnio y sequedad vaginal. Además, había ganado peso y sus digestiones eran más lentas. Su analítica mostraba vitamina D insuficiente, magnesio en rango bajo y un perfil lipídico ligeramente alterado. El test de microbiota reveló baja diversidad bacteriana y descenso de especies productoras de butirato, un patrón frecuente en la transición menopáusica.

¿Qué hicimos? Introdujimos probióticos con cepas específicas para la salud vaginal e inmunitaria, junto con omega 3 y magnesio para modular la inflamación, apoyar el sistema nervioso y mejorar el sueño. También reforzamos la dieta con fibras prebióticas presentes en lentejas, alcachofas, boniato y plátano macho. A los dos meses, Elena refirió menos sofocos, mejor digestión y mayor estabilidad emocional. «Pensé que era la edad..., pero lo que necesitaba era cuidar mi interior para volver a sentirme bien», me dijo al terminar.

Caso 3: reconstruyendo la microbiota en la infancia

Lucas, de siete años, era un niño alegre y activo que estudiaba primaria. En el último año había sufrido episodios recurrentes de bronquitis y había tomado varios ciclos de antibióticos, lo que preocupaba a sus padres porque afectaba a su apetito, a sus deposiciones y a su energía. Su analítica mostraba vitamina D baja, ferritina en el límite inferior y, aunque no realizamos un test de microbiota completo por su edad, sí observamos signos clínicos compatibles con disbiosis (hinchazón, heces irregulares, aumento de infecciones respiratorias).

¿Qué hicimos? Iniciamos suplementación con probióticos pediátricos durante tres meses, incrementamos el consumo de frutas, verduras y yogures naturales, y redujimos al mínimo los ultraprocesados y los azúcares añadidos. También reforzamos la vitamina D para apoyar su inmunidad. Tras este periodo, Lucas presentaba menos infecciones respiratorias, mejor apetito y más vitalidad. «Lo vemos más fuerte y con muchas más ganas de jugar», me dijeron sus padres, agradecidos.

IMPORTANTE

Cuidar el intestino es cuidar todo el organismo. La microbiota no solo digiere los alimentos: también digiere las emociones. Cuando sanamos el intestino, sanamos la relación con nosotros mismos.

Conclusión: cuida el vínculo intestino-cerebro

En conclusión, tu intestino no solo digiere lo que comes, digiere también tus emociones. Por eso, cuidar tu microbiota es también cuidar tu mente: sanar el intestino es sanar cuerpo y mente.

Tu intestino es mucho más que un tubo digestivo. Es un órgano inmunológico, neurológico y endocrino. Es un ecosistema vivo que puedes alimentar o intoxicar, restaurar o deteriorar, según tus decisiones cotidianas.

La buena noticia es que **el intestino se regenera con rapidez**, especialmente si le das lo que necesita: descanso, alimentos reales, hidratación, paz emocional... y algunos suplementos clave que actúan como jardineros del microbioma.

Porque, al final, la salud empieza en el intestino. Y desde ahí, se expande al resto del cuerpo y de la mente.

CHECKLIST: DIEZ HÁBITOS PARA UNA MICROBIOTA FELIZ

1. Come al menos treinta tipos de vegetales a la semana.
2. Incluye fermentados a diario.
3. Haz una «ventana de ayuno» nocturna.
4. Evita el azúcar, el alcohol y los ultraprocesados.
5. No tomes antibióticos innecesarios.
6. Reduce el estrés a través de la meditación, el yoga y la respiración.
7. Mantén un peso saludable.
8. Duerme siete u ocho horas.
9. Conecta con la naturaleza.
10. Toma probióticos y prebióticos de calidad.

7.

DETOXIFICACIÓN Y ANTIOXIDANTES: UNA LIMPIEZA PROFUNDA DESDE DENTRO

No necesitamos hacer dietas extremas para desintoxicarnos. Solo debemos reactivar y nutrir los sistemas que el cuerpo ya tiene para limpiar, proteger y sanar.

La palabra *detox*: entre la moda y la biología

En los últimos años, la palabra *detox* (de *detoxificación*) ha invadido titulares, redes sociales y estanterías de supermercados. Batidos verdes, infusiones milagrosas, dietas de zumos, ayunos de tres días… Parece que el detox se ha convertido en un producto, más que en un proceso natural del cuerpo.

Pero la verdad es mucho más sencilla y poderosa: **no necesitamos forzar al organismo a «limpiarse»**; ya está diseñado para hacerlo. Hígado, riñones, pulmones, piel, intestino y sistema linfático trabajan veinticuatro horas al día, los siete días de la semana.

El problema no es que nuestro cuerpo «olvide» depurar, sino que lo sobrecargamos con **tóxicos externos** (pesticidas, aditivos, contaminantes, fármacos innecesarios), con el **estrés constante** (que altera las hormonas y ralentiza la función hepática) y con una **alimentación pobre en nutrientes clave** para que nuestro sistema depurativo funcione.

La solución no pasa por beber únicamente zumos durante tres días, sino por **nutrir y apoyar los sistemas de limpieza internos** para que hagan mejor su trabajo.

Los órganos depuradores: tu equipo de limpieza interno

Imagina que tu cuerpo es una gran ciudad. Todos los días, toneladas de basura se generan: restos de comida, residuos químicos, polvo, envases… ¿Qué pasaría si el camión de la basura dejara de pasar una semana? La ciudad se colapsaría.

Nuestro cuerpo funciona igual: produce residuos a cada instante (del metabolismo, de la actividad celular, de lo que comemos, bebemos y respiramos). Y tiene su propio sistema de recogida y reciclaje:

- **Hígado.** Es el gran laboratorio. Filtra la sangre y transforma sustancias tóxicas (medicamentos, alcohol, pesticidas) en compuestos que podamos eliminar.
- **Riñones.** Nuestros «filtros de agua». Eliminan desechos hidrosolubles a través de la orina.
- **Intestino.** Recoge la basura sólida y la expulsa en forma de heces. Si su funcionamiento es «lento», las toxinas pueden «recircular». Tanto el intestino delgado como el grueso participan en la detoxificación, aunque cada uno con funciones diferentes. El **intestino delgado** absorbe nutrientes, participa en la degradación inicial de toxinas alimentarias y alberga una parte importante de la microbiota. El **intestino grueso** concentra y elimina los residuos, regula el tránsito y es clave en la producción de ácidos grasos de cadena corta, esenciales para una buena inmunidad. El 70% de tu sistema inmune se encuentra en el intestino: si tu digestión está bloqueada, tu capacidad detox e inmunitaria también se ve afectada.
- **Pulmones.** Expulsan gases tóxicos y partículas inhaladas.
- **Piel.** Funciona como un riñón extra que «suda» toxinas.
- **Sistema linfático.** Es la «red de alcantarillado»: recoge residuos celulares y los lleva de vuelta a la sangre para eliminarlos.

Las tres fases de la detoxificación hepática

El hígado es el órgano rey del detox. No solo filtra: transforma. Imagina que recibe una toxina «aceitosa» (liposoluble) que no se puede eliminar por la orina. Su misión es convertirla en algo «acuoso» (hidrosoluble) que se pueda expulsar.

Ese proceso tiene **tres fases**, como una cadena de montaje:

- **Fase 1: activación.** Las enzimas del citocromo P450 abren la molécula tóxica y la «preparan» para ser procesada. En este proceso se usan vitaminas del grupo B, magnesio, hierro y flavonoides (presentes en el té verde, la cúrcuma o los cítricos). Ojo: los productos intermedios pueden ser incluso más dañinos que la toxina original si no pasamos rápido a la fase 2.
- **Fase 2: conjugación.** El hígado «pega» a esas toxinas un «tique de salida»: glutatión, taurina, cisteína, glicina. Así, se vuelven inocuas. Necesita además vitamina C, B6, zinc, selenio, metionina y colina.
- **Fase 3: excreción.** El hígado manda esos compuestos a la bilis, la orina, el sudor o las heces. En esta fase entra en juego la **fibra**: sin ella, esas toxinas pueden reabsorberse.

Cuando falla una fase, aparecen síntomas como la fatiga crónica, la niebla mental, el acné, la retención de líquidos o la dificultad para perder peso.

Señales de sobrecarga tóxica

Aunque no hay un «análisis oficial» que te diga que «estás intoxicado», tu cuerpo manda señales de alerta: **fatiga constante**, sobre todo al despertar; **dolor de cabeza** recurrente sin explicación; **problemas en la piel** (acné adulto, eccema, urticaria) **digestión lenta** (hinchazón, gases, estreñimiento); **halitosis** (mal aliento) o sudor con olor fuerte; **cambios de humor**, irritabilidad, niebla mental, insomnio...

Piensa en la detoxificación como en el mantenimiento de un coche. Si no cambias el aceite, no limpias los filtros y no usas combustible de calidad, el motor se resiente.

Antioxidantes: los guardianes celulares

Cada día, nuestras células producen **radicales libres**: moléculas inestables que dañan las proteínas, las membranas y el ADN. Es como si en una fábrica saltaran chispas que queman los cables y dañan la maquinaria. Los **antioxidantes** son los bomberos: neutralizan esas chispas antes de que provoquen incendios.

Existen dos tipos:

- **Antioxidantes endógenos** (fabricados por tu propio cuerpo): glutatión, coenzima Q10, superóxido dismutasa (SOD).

- **Antioxidantes exógenos** (provenientes de la dieta): vitamina C, vitamina E, polifenoles (presentes en el té verde, el cacao, los frutos rojos), carotenoides (luteína, licopeno).

Los antioxidantes **funcionan mejor en equipo**. No sirve de nada tomar megadosis de vitamina C si no tienes vitamina E y selenio para reciclarla.

Suplementos que apoyan la detoxificación y frenan el daño oxidativo

Ayudar al cuerpo a activar sus propios mecanismos naturales de desintoxicación y saber qué suplementos pueden hacer que funcionen mejor es el mejor camino para reducir el daño celular causado por el estrés oxidativo. En esta tarea, estos son tus aliados:

- **Glutatión.** Es el antioxidante maestro. Neutraliza los radicales libres y limpia el hígado. Es mejor en formato liposomal (250-500 mg/día).
- **NAC.** Precursor del glutatión. También ayuda a limpiar los pulmones (muy útil en fumadores).
- **Sulforafano.** Extraído de brotes de brócoli. Activa la vía NRF2, la «llave maestra» de genes detox.
- **Cardo mariano (silimarina).** Planta hepatoprotectora que regenera células hepáticas (200-400 mg/día).

- **Vitamina C.** Regenera el glutatión y favorece la eliminación de metales pesados (500-2.000 mg/día).
- **Zeolita, *chlorella* y cilantro.** Son «imanes» para las toxinas. Ayudan a eliminar metales pesados, aunque siempre deben tomarse bajo supervisión.
- **Ácido alfa-lipoico (ALA).** Antioxidante universal que regenera otros antioxidantes y protege cerebro e hígado.

RECOMENDACIÓN PROFESIONAL

Todos estos suplementos funcionan mejor si los acompañas con una buena alimentación y un estilo de vida saludable. No son una «cura rápida».

Detox desde la cocina: alimentos que limpian de verdad

Nada sustituye a la comida real. Hay alimentos que actúan como detoxificadores naturales. Anótalos y tenlos siempre presentes en tu cesta de la compra:

- **Crucíferas** (brócoli, col, kale): estimulan las enzimas hepáticas.
- **Cítricos:** aportan vitamina C para la fase 2.
- **Ajo y cebolla:** ricos en compuestos azufrados que favorecen la eliminación de toxinas.

- **Alcachofa:** estimula la bilis y protege el hígado.
- **Uvas negras y frutos rojos:** están cargados de polifenoles antioxidantes.
- **Pepino y apio:** son hidratantes y diuréticos.
- **Semillas de lino y chía:** contienen fibra para arrastrar las toxinas por las heces.

Hábitos detox más allá del plato

Una dieta de detoxificación será más efectiva si se combina con hábitos saludables que promuevan la eliminación de las toxinas y el bienestar general. A continuación hallarás algunas propuestas que puedes incorporar a tu rutina diaria.

- **Hidratación:** toma entre un litro y medio y dos litros de agua (de calidad) al día.
- **Movimiento diario:** caminar, hacer yoga, saltar... ¡El sistema linfático solo fluye si tú te mueves!
- **Sauna o baños de contraste:** la sudoración ayuda a eliminar metales.
- **Masajes en seco:** estimula la circulación linfática y la piel.
- **Dormir bien:** durante el sueño profundo, el cerebro activa su «servicio de limpieza» (sistema glinfático).
- **Detox emocional y digital:** cuanto menos estrés, menos cortisol, lo cual mejora la función hepática.

Protocolos detox para tu día a día

DETOX SUAVE DE 7 DÍAS: REINICIO DIGESTIVO

OBJETIVOS	Desinflamar, apoyar el trabajo del hígado y del intestino y recuperar energía.
DURACIÓN	7 días (ideal para hacer 3-4 veces al año, al inicio de la primavera o del otoño).
LISTA DE LA COMPRA	Avena integral, bebida vegetal sin azúcar, frutos rojos, semillas de lino, kale, espinacas, brócoli, alcachofa, calabacín, limón, jengibre, garbanzos, aguacate, nueces, diente de león, té verde.
MENÚ	**DESAYUNO:** agua tibia con limón recién exprimido. Avena integral cocida con bebida vegetal sin azúcar, frutos rojos y semillas de lino. Té verde o infusión de diente de león. **COMIDA:** ensalada de kale, rúcula y espinacas con aguacate, pepino y aderezo de limón, filete de salmón a la plancha con brócoli al vapor y una manzana verde. **CENA:** crema de alcachofa y calabacín con cúrcuma, hummus de garbanzos con bastones de apio y zanahoria, infusión de manzanilla y jengibre. **PARA PICAR (OPCIONAL):** un puñado de nueces o almendras crudas, infusiones depurativas (cola de caballo, ortiga).
SUPLEMENTOS RECOMENDADOS	Cardo mariano (200 mg/día). N-acetil cisteína (500-600 mg/día). Vitamina C (1 g/día).
HÁBITOS CLAVE	Caminar 30-40 minutos diarios. Sauna, baño caliente o cepillado en seco 2-3 veces por semana. Dormir al menos 7-8 horas.
PRECAUCIONES	Dieta no indicada durante el embarazo o la lactancia sin supervisión médica.

DETOX PARA FUMADORES O EXFUMADORES

OBJETIVOS	Reducir la carga de toxinas del tabaco y reparar daño oxidativo en pulmones y vasos sanguíneos.
DURACIÓN	30 días (puede repetirse varias veces al año).
LISTA DE LA COMPRA	Espinacas, manzana, pepino, jengibre, aguacate, lentejas, zanahoria, apio, col morada, cúrcuma, brócoli, caballa, sardinas, tomillo, orégano, té verde.
MENÚ	**DESAYUNO:** agua con limón, un batido verde (espinaca, manzana, pepino, jengibre y agua), una rebanada de pan integral con aguacate. **COMIDA:** lentejas con verduras (zanahoria, puerro, apio), ensalada de col morada, zanahoria rallada y aliño de cúrcuma, un kiwi o rodaja de piña. **CENA:** crema de brócoli con cúrcuma, filete de caballa o sardinas a la plancha, infusión de tomillo y orégano (para limpiar las vías respiratorias).
SUPLEMENTOS RECOMENDADOS	N-acetil cisteína (1.200 mg/día). Sulforafano (extracto de brócoli, 30-50 mg/día). Astaxantina (4-8 mg/día), un antioxidante potente para piel y pulmones.
HÁBITOS CLAVE	Ejercicios de respiración profunda 5-10 min/día. Movimiento aeróbico (senderismo, bici, nadar) para activar la oxigenación y el sistema linfático. Sauna o baño de vapor para sudar las toxinas.
PRECAUCIONES	Evitar la NAC en pacientes con úlcera gástrica activa o si toman anticoagulantes sin supervisión.

PLAN ANTIOXIDANTE ANTIENVEJECIMIENTO (50+)

OBJETIVOS	Frenar el daño oxidativo, proteger el cerebro, las articulaciones y el sistema cardiovascular.
DURACIÓN	Puede hacerse todo el año con descansos.
LISTA DE LA COMPRA	Yogur o kéfir, frutos rojos, chía, aceite de oliva virgen extra, té matcha, espinacas *baby*, aguacate, nueces, salmón, trucha, quinoa, calabaza, cúrcuma, tofu, tamari, rooibos.
MENÚ	**DESAYUNO:** yogur natural ecológico o kéfir con frutos rojos y semillas de chía, una tostada de cereales integrales con aceite de oliva virgen extra, té matcha. **COMIDA:** ensalada de espinacas *baby*, tomate cherri, aguacate y nueces, un filete de salmón o trucha con quinoa, uvas negras. **CENA:** crema de calabaza con cúrcuma y jengibre, tofu marinado con tamari o pollo ecológico y una infusión de rooibos.
SUPLEMENTOS RECOMENDADOS	Coenzima Q10 (100-200 mg/día). Sulforafano (30-50 mg/día). Glutatión liposomal (250-500 mg/día). Resveratrol o polifenoles de uva (100-250 mg/día).
HÁBITOS CLAVE	Priorizar el sueño (8 horas) ya que el cerebro se «limpia» con el descanso profundo. Caminatas diarias al sol suave (vitamina D + movimiento). Prácticas de reducción de estrés (yoga, meditación, respiración).
PRECAUCIONES	Revisar interacciones del resveratrol y la coenzima Q10 con los anticoagulantes.

DETOX DE LA «VIDA MODERNA» (PARA QUIENES ESTÁN EXPUESTOS A TÓXICOS A DIARIO: VIDA URBANA, ESTRÉS, PANTALLAS...)

OBJETIVOS	Reducir la carga tóxica ambiental y el estrés oxidativo.
DURACIÓN	14 días (puede repetirse cada 3-4 meses).
LISTA DE LA COMPRA	Chía, frutos rojos, kale, plátano, té blanco, quinoa, garbanzos, espinacas, calabacín, cúrcuma, pepino, apio, pera, zanahoria, jengibre, lavanda, merluza, brócoli.
MENÚ	**DESAYUNO:** agua tibia con limón y una cucharada de semillas de chía, batido de frutos rojos, kale, plátano pequeño y bebida vegetal y un té blanco. **COMIDA:** quinoa con garbanzos, espinacas, calabacín y cúrcuma, ensalada de pepino, apio y limón y una pera. **CENA:** crema de zanahoria, jengibre y cúrcuma, pescado blanco (merluza, bacalao) con brócoli al vapor, infusión de lavanda antes de dormir.
SUPLEMENTOS RECOMENDADOS	NAC (600 mg/día). Ácido alfa-lipoico (300-600 mg/día). Vitamina C (1 g/día). Astaxantina (4 mg/día).
HÁBITOS CLAVE	Minimizar el uso de plásticos (especialmente táperes). Usar cosmética y productos de higiene natural (con menos disruptores endocrinos). Reducir la «toxicidad digital»: apagar las pantallas una hora antes de dormir. Ejercicio 4-5 días/semana. Dormir 7-8 horas. Practicar técnicas de respiración y meditación (10 min/día).
PRECAUCIONES	Evitar este protocolo en embarazo, lactancia o enfermedades hepáticas o renales. No combinar NAC o ácido alfa-lipoico con tratamientos anticoagulantes o quimioterapia.

Caja de casos clínicos

Caso 1: el cuerpo también necesita respirar

Isabel, de cuarenta y tres años, era gestora administrativa en una empresa de tecnología. Pasaba muchas horas sentada, en un espacio poco ventilado y rodeada de pantallas. Desde hacía meses se sentía pesada, con la piel apagada, tenía digestiones lentas y una fatiga difusa que no lograba explicar. Dormía bien y comía «más o menos sano», pero su cuerpo parecía saturado. Su analítica mostró vitamina D insuficiente, GGT ligeramente elevada (indicador de sobrecarga hepática), magnesio bajo y un perfil de inflamación leve. Todo apuntaba a un organismo sobreexigido y necesitado de apoyo detoxificante.

¿Qué hicimos? Iniciamos un proceso de depuración consciente: una reducción de azúcares añadidos, alcohol y ultraprocesados, y un aumento de vegetales verdes, agua y alimentos ricos en compuestos sulfurados (brócoli, col, rúcula). Introdujimos una pauta con cúrcuma, ácido alfa-lipoico, NAC y cardo mariano, antioxidantes clave para apoyar la fase I y la fase II hepática. Tras unas semanas, Isabel dormía mejor, su piel había recobrado luminosidad, sus digestiones eran más ligeras y había recuperado su energía. «No sabía que la fatiga también podía ser una forma de intoxicación», me dijo, sorprendida.

Caso 2: los excesos puntuales no son el fin del mundo

Ana, de cuarenta y dos años, era enfermera en una clínica privada. Llegó a consulta después de las fiestas navideñas con sensación de pesadez, digestiones lentas y piel apagada. Durante las últimas semanas había abusado del azúcar, del alcohol y de las comidas copiosas propias de las celebraciones familiares. Su analítica mostraba GGT ligeramente elevada, vitamina D baja, glucosa en ayunas en el límite alto y magnesio disminuido, un reflejo claro de sobrecarga metabólica temporal.

¿Qué hicimos? Realizó un minidetox de 3 días basado en alimentos depurativos: caldos vegetales, frutas frescas, verduras cocinadas, infusiones de jengibre y menta, además de una buena hidratación. Añadimos cardo mariano para apoyar la función hepática y vitamina C como antioxidante. Pautamos caminatas suaves y sueño reparador como pilares fundamentales. Tras cinco días, la hinchazón se redujo, recuperó energía y regularidad intestinal, y su piel comenzó a verse más luminosa. «No imaginaba que mi cuerpo pudiera resetearse tan rápido con tan poco..., solo necesitaba un respiro», me dijo, agradecida.

Caso 3: limpiar por dentro para brillar por fuera

Laura, de treinta y cinco años, era diseñadora de moda y llevaba un ritmo de trabajo intenso, pasaba muchas horas sentada y no tenía un horario fijo para las comidas, que las hacía entre reuniones. Presentaba acné persistente en la mandíbula y sensación de hinchazón después de casi todas las ingestas. Su estilo de vida, con estrés continuado y poca regularidad en sus hábitos, contribuía claramente a la sobrecarga digestiva.

¿Qué hicimos? Durante diez días siguió un detox hepático suave: incrementó los vegetales amargos (rúcula, alcachofa, diente de león), redujo lácteos y azúcares y priorizó comidas sencillas y antiinflamatorias. Introdujimos cardo mariano para mejorar la detoxificación hepática y *chlorella* como apoyo antioxidante y quelante suave. Además, incorporó una infusión nocturna de boldo y manzanilla para favorecer el descanso y la digestión. Tras diez días, su piel estaba más limpia, había mejorado su tránsito intestinal y sentía las digestiones más ligeras. «No sabía cuánta inflamación llevaba por dentro..., ahora siento que mi piel respira», me dijo, agradecida.

IMPORTANTE

El cuerpo tiene una extraordinaria capacidad para limpiarse, pero a veces necesita que le echen una mano. Depurar no es castigar al organismo, es liberarlo para que vuelva a brillar.

Conclusión: depuración con cabeza

Desintoxicarse no es dejar de comer ni castigarse con ayunos eternos. Es **apoyar lo que tu cuerpo ya sabe hacer**, con alimentos reales, suplementos bien elegidos y hábitos que faciliten su trabajo.

No se trata de obligar, sino de acompañar. No necesitamos «limpiar» nuestro cuerpo de forma agresiva. Necesitamos escucharlo, nutrirlo y dejarle espacio para que haga su magia.

Cuando tu sistema detox funciona bien, sientes ligereza, claridad mental y energía renovada, tu piel se vuelve luminosa y tu sistema inmune, fuerte. Eso sí que es detox real.

8.

SUPLEMENTACIÓN EN LA MENOPAUSIA

La menopausia no es el ocaso de la mujer, es su renacer en otra forma: más libre, más sabia, más poderosa.

La menopausia marca el final de la etapa fértil, pero no es, en absoluto, el final de la salud ni del bienestar. Para muchas mujeres, es una invitación a **reconciliarse con su cuerpo**, a cuidarlo de una manera más consciente y a vivir con una libertad que antes no tenían.

Pero ¿quién puede negar que la transición no es sencilla? Sofocos repentinos, cambios de humor, noches en vela, sequedad, aumento de peso o esa niebla mental que nubla la memoria y la concentración. Todos estos síntomas son fruto de **un cambio hormonal profundo**: los estrógenos y la progesterona, guardianes de la feminidad durante décadas, comienzan a descender.

La buena noticia es que **no estás sola en esta etapa** y que la ciencia nos ofrece hoy **herramientas naturales, eficaces y seguras** para suavizar los síntomas y vivir esta transición con serenidad y vitalidad.

¿Qué ocurre en la menopausia?

La menopausia se define como la ausencia de menstruación durante doce meses consecutivos. Suele aparecer entre los cuarenta y cinco y los cincuenta y cinco años, aunque la **perimenopausia** —esa fase que precede a la menopausia, marcada por los altibajos hormonales— puede empezar incluso una década antes.

Durante este tiempo, los estrógenos suben y bajan como una montaña rusa para, finalmente, estabilizarse en niveles bajos. Esta caída hormonal repercute en todas las áreas del cuerpo:

- **En el termostato interno:** aparecen sofocos y sudores nocturnos.
- **En el estado de ánimo:** algunas mujeres sienten irritabilidad, tristeza o ansiedad sin motivo aparente.
- **En el sueño:** los despertares nocturnos se vuelven frecuentes.
- **En el metabolismo:** aumenta la tendencia a acumular grasa y la insulina se vuelve menos eficiente.
- **En los huesos y músculos:** se acelera la pérdida de masa ósea y muscular.
- **En la piel y las mucosas:** aparece sequedad, picor y el colágeno disminuye.
- **En la vida íntima:** el deseo puede caer y la sequedad vaginal provoca incomodidad.

Pero aquí está la clave: aunque los cambios son inevitables, el sufrimiento no lo es. Existen estrategias para suavizar esta transición y evitar que estos síntomas dicten la calidad de vida.

Un enfoque integrativo para una nueva etapa

La menopausia es un momento perfecto para replantearse la vida. El abordaje más efectivo no se limita a prescribir una cápsula o una pastilla, sino que combina varios pilares:

- **Alimentación antiinflamatoria**, rica en legumbres, semillas y alimentos con fitoestrógenos (como la soja o el lino).
- **Movimiento diario:** caminar, nadar, practicar yoga o hacer ejercicios de fuerza para cuidar huesos y músculos.
- **Gestión emocional:** meditación, respiración, apoyo terapéutico..., porque el equilibrio hormonal también empieza en la calma mental.
- **Suplementación inteligente**, que acompañe y apoye los cambios fisiológicos sin forzar el cuerpo.

Suplementos clave en la menopausia

En esta etapa de transición, el cuerpo femenino impone nuevas exigencias que a veces son difíciles de resolver solo a través de la dieta. Debido a ello, en algunos casos puede ser necesario o beneficioso complementar esta con ciertos suplementos. En todo caso, debemos tener presente que no todas las mujeres necesitan lo mismo, y que el uso de suplementación debe evaluarse individualmente.

Fitoestrógenos: el susurro vegetal que calma los sofocos

Los fitoestrógenos son compuestos vegetales que se parecen —aunque en versión suave— a los estrógenos humanos. No sustituyen a las hormonas, pero se acoplan a sus receptores y ayudan a **reducir sofocos, sudores y altibajos emocionales.**

Las isoflavonas de la soja, el trébol rojo, el extracto de lúpulo y los lignanos del lino son los más estudiados. Resultan especialmente útiles para mujeres que no desean o no pueden usar terapia hormonal sustitutiva. No son recomendables en mujeres con cáncer de mama o terapia hormonal.

Plantas medicinales para aliviar los síntomas

La naturaleza ofrece verdaderos tesoros botánicos que pueden suavizar síntomas, equilibrar hormonas y mejorar el bienestar emocional y físico en esta etapa. No son placebos ni remedios mágicos: cuentan con estudios científicos que respaldan su uso, especialmente cuando se emplean con criterio y bajo supervisión.

- **Cimicífuga *(Actaea racemosa)*.** Es una de las plantas más estudiadas para la menopausia. Reduce **los sofocos, los sudores nocturnos y los cambios de humor.** No aporta estrógenos, sino que actúa sobre receptores específicos y sobre el sistema serotoninérgico, regulando la percepción del calor. Es ideal para mujeres con sofocos intensos que buscan alternativas a la terapia hormonal y apta para mujeres en tratamiento con hormonoterapia.
- **Sauzgatillo *(Vitex agnus-castus)*.** Ayuda en **la perimenopausia**, cuando aún hay menstruaciones irregulares, regulando el ciclo y los altibajos de **progesterona y prolactina**. Estimula la hipófisis para modular hormonas, reduciendo **la irritabilidad, la tensión mamaria y la ansiedad cíclica.** Se recomienda a mujeres que todavía están en transición y sienten cambios bruscos de ánimo.
- **Azafrán *(Crocus sativus)*.** Considerado el «oro rojo» de la fitoterapia, el azafrán ha demostrado **mejorar el estado de ánimo, la ansiedad y la depresión leve** en la menopausia. Modula los neurotransmisores, como la serotonina y la dopamina, y tiene propie-

dades antioxidantes. Es eficaz en mujeres con tristeza, apatía, nerviosismo o bajones emocionales.

- **Espino blanco *(Crataegus monogyna)***. Es la planta del **corazón femenino**. Ayuda a regular la presión arterial, mejora la circulación y alivia **palpitaciones asociadas a la ansiedad** de esta etapa. Tiene efecto vasodilatador suave, cardiotónico y relajante. Se recomienda en caso de **taquicardias leves, hipertensión moderada o tensión emocional.**

Magnesio: el mineral que relaja cuerpo y mente

El magnesio es un «todo en uno» en esta etapa: mejora el sueño, alivia la ansiedad, reduce los calambres y, en combinación con vitamina D y K2, protege la salud ósea. En forma de **bisglicinato** tiene efecto relajante; en **citrato** ayuda además al tránsito intestinal.

Vitamina D, vitamina K2 y calcio: el escudo de los huesos

La pérdida de estrógenos acelera la descalcificación. Por eso, mantener niveles adecuados de vitamina D (entre 40-60 ng/mL) y añadir vitamina K2 (que dirige el calcio hacia los huesos, no hacia las arterias) es fundamental para **prevenir la osteopenia y la osteoporosis.**

Omega 3: el aliado del corazón, la mente y la piel

Los ácidos grasos EPA y DHA reducen la inflamación, protegen el sistema cardiovascular, mejoran el estado de ánimo y mantienen la piel y las mucosas más hidratadas.

Melatonina: la llave del buen dormir

Con la menopausia, los ritmos circadianos se alteran y el insomnio se hace habitual. Una dosis baja de melatonina antes de dormir puede **restaurar el sueño** y, de paso, actúa como antioxidante y protector óseo.

Proteína y colágeno: fuerza y elasticidad desde dentro

La pérdida de estrógenos acelera la pérdida de músculo (sarcopenia) y de colágeno. Un aporte extra de **proteínas** (1-1,2 g por kilo de peso al día) y **colágeno tipo I y III** ayuda a mantener la fuerza, la piel firme y las articulaciones flexibles.

La libido en la menopausia: recuperar el deseo y la conexión

Hablar de la libido en la menopausia sigue siendo, para muchas mujeres, casi un tema prohibido. Pero es hora de romper silencios: la sexualidad no tiene fecha de caducidad, y la menopausia no significa el fin del placer. Lo que sí ocurre es que los cambios hormonales, físicos y emocionales de esta etapa pueden afectar al deseo, la excitación y la comodidad durante las relaciones.

Pero ¿por qué cambia la libido?

- **Caída de estrógenos:** provoca **sequedad vaginal**, lo que puede hacer que las relaciones sean incómodas o incluso dolorosas.
- **Descenso de testosterona:** aunque pensamos en ella como la «hormona masculina», la testosterona es clave para el deseo en la mujer. Con la edad, sus niveles bajan, y con ellos la **intensidad del deseo sexual**.
- **Cambios emocionales:** ansiedad, insomnio, cambios de humor o autoestima pueden influir en el deseo.
- **Factores relacionales y sociales:** estrés, carga de cuidados, la monotonía que puede significar una pareja estable durante años o la falta de estímulo pueden pesar más que las hormonas.

La buena noticia es que **la libido se puede despertar**. El deseo no desaparece: a veces, simplemente se queda dormido y necesita un empujón. Veamos cómo.

- **Hidratación y confort vaginal.** Los estrógenos bajos resecan las mucosas, pero hay soluciones. Por ejemplo, los **aceites naturales** (rosa mosqueta, onagra), los **lubricantes ecológicos** sin tóxicos o los **óvulos vaginales** con ácido hialurónico o vitamina E para hidratar desde dentro.
- **Plantas y tónicos femeninos para la libido.** En el siguiente cuadro se resumen los principales.

MACA ANDINA	Aumenta el deseo, la energía y mejora el ánimo.
SHATAVARI	Usada en terapias ayurvédicas para nutrir el sistema hormonal femenino.
GINSENG ROJO	Estimula la energía, el flujo sanguíneo y la excitación.
AZAFRÁN	Aporta serenidad y placer emocional, mejorando el bienestar sexual.

- **Omega 3 y vitamina E.** Mantienen la elasticidad de mucosas y tejidos, mejorando la comodidad y la sensibilidad.
- **Ejercicio y circulación.** El ejercicio regular no solo ayuda a la salud cardiovascular y ósea, sino que aumenta la vascularización pélvica, clave para la excitación.
- **Cuidado de la pareja y la intimidad.** El deseo también se alimenta de cercanía, comunicación, novedad y juego. Hablar abiertamente con la pareja, romper rutinas y explorar la sensualidad más allá del coito puede reavivar la chispa.

¿Y la terapia hormonal?

En algunos casos, especialmente cuando hay sequedad severa, dolor en las relaciones o bajada brusca del deseo, los ginecólogos pueden recomendar **estrógenos locales (cremas u óvulos)** o, en casos seleccionados, **dosis bajas de testosterona en gel**. Estas opciones siempre deben evaluarse con un profesional, pero pueden ser un salvavidas para recuperar la comodidad y el deseo.

Menopausia inducida: cuando llega antes de tiempo

No todas las menopausias llegan de forma natural y progresiva. A veces, la vida trae cambios drásticos: la cirugía (histerectomía, ooforectomía), la quimioterapia, la radioterapia o la hormonoterapia (tratamientos de cáncer de mama o de endometrio) pueden provocar una **menopausia abrupta**.

En estos casos, los ovarios dejan de producir hormonas de un día para otro, y eso significa que los síntomas —sofocos, insomnio, cambios de humor, sequedad vaginal— pueden ser mucho más intensos que en la menopausia natural.

¿Por qué es diferente?

- **La caída hormonal es brusca**, no gradual: el cuerpo no tiene tiempo de adaptarse.

- **Los síntomas suelen ser más fuertes y repentinos:** los sofocos pueden ser más intensos, el insomnio más marcado y la sequedad más molesta.
- En caso de **cáncer hormonodependiente** (como el de mama o endometrio), las opciones de tratamiento están limitadas: no se puede usar terapia hormonal sustitutiva (THS), ya que los estrógenos podrían «alimentar» la enfermedad.

¿Qué suplementos son seguros en estas situaciones? Según la Asociación Española para el Estudio de la Menopausia (AEEM) y sociedades europeas de ginecología, la única planta fitoterapéutica recomendada en casos de menopausia inducida por cáncer hormonodependiente es la **cimicífuga** *(Actaea racemosa)*. Ha demostrado reducir los sofocos, los sudores y las alteraciones del estado de ánimo en mujeres con menopausia inducida. Se considera **segura** porque **no tiene actividad estrogénica directa**: no aporta fitoestrógenos ni actúa como un «estrógeno vegetal».

Puede utilizarse incluso en mujeres con antecedentes de cáncer de mama, siempre bajo supervisión médica.

Otras plantas con fitoestrógenos (como la soja, el trébol rojo o el lúpulo) **no están indicadas** en mujeres con cáncer hormonodependiente o en tratamiento con tamoxifeno o inhibidores de la aromatasa, porque podrían interferir con la terapia.

Además, si padeces una menopausia inducida, sigue estos sencillos consejos:

- **Higiene del sueño:** mantén rutinas de descanso, cenas ligeras, y toma melatonina en bajas dosis (si el oncólogo te lo permite).
- Los **omega 3** y la **vitamina D** son seguros y útiles para proteger huesos, corazón y cerebro.
- El **magnesio** ayuda a combatir la ansiedad, el insomnio y la salud ósea.
- Para una **lubricación vaginal segura**, utiliza hidratantes y lubricantes naturales sin estrógenos.
- Practica **ejercicio físico adaptado**. Mantiene el hueso, el músculo y mejora el ánimo.
- Procura tener **acompañamiento emocional**: grupos de apoyo, terapia o *mindfulness*, fundamentales para afrontar el impacto psicológico de una menopausia forzada.

La menopausia inducida es un desafío extra, pero no una condena a vivir con malestar. Aunque las opciones hormonales son limitadas, hay recursos eficaces y seguros. Sumando suplementos seguros, apoyo emocional y hábitos saludables, es posible recuperar la calidad de vida, la energía y la serenidad incluso en este escenario tan exigente.

Conclusión: el placer no tiene edad

La menopausia no marca el fin de la sexualidad, sino el comienzo de una etapa diferente: menos apresurada, más consciente, más libre de miedos. Con algunos ajustes —suplementación adecuada, plantas aliadas, lubricación y autoconocimiento— la libido no solo se puede recuperar, puede incluso renacer con más fuerza y plenitud.

Salud ósea y prevención de la osteoporosis

La salud de los huesos es uno de los temas más importantes en la menopausia. Muchas mujeres no lo notan en el día a día, pero con la llegada de la menopausia, la densidad ósea empieza a caer más rápido.

Los estrógenos, que durante años han protegido el tejido óseo, disminuyen bruscamente. El resultado: los huesos pierden calcio, se vuelven más frágiles y aumenta el riesgo de osteopenia y osteoporosis.

¿Qué ocurre en los huesos durante la menopausia? Los estrógenos ayudan a mantener el equilibrio entre osteoclastos (células que «destruyen» hueso) y osteoblastos (células que lo forman). Cuando los estrógenos bajan, los osteoclastos trabajan sin freno: el hueso se «come a sí mismo» más rápido de lo que se reconstruye. Así, el riesgo de fracturas aumenta, sobre todo en muñeca, cadera y vértebras.

UN DATO IMPACTANTE

Hasta el 20 % de la masa ósea puede perderse en los primeros cinco a siete años después de la menopausia.

Cómo cuidar tus huesos en esta etapa

- **Ejercicios de fuerza y de impacto.** No hay suplemento que sustituya al movimiento. El hueso «se alimenta» de la tensión y de la presión: pesas, bandas elásticas, pilates o yoga dinámico estimulan la formación ósea. Caminar a paso rápido, bailar, saltar suavemente o subir escaleras también «despierta» al hueso.
- **Nutrientes para la masa ósea.** La **vitamina D** regula la absorción de calcio (40-60 ng/mL), y la **vitamina K2** dirige el calcio a los huesos y evita que se deposite en las arterias. El **calcio** es una aportación básica que podemos conseguir a partir de la dieta (almendras, sésamo, tofu, sardinas, brócoli). Solo es necesario suplementarlo si no llega a través del menú diario. El **magnesio** fija el calcio al hueso. Por su parte, el **colágeno tipo I** conforma la base estructural del hueso y del cartílago.
- **Omega 3 y antioxidantes.** La inflamación crónica acelera la pérdida de hueso. Los omega 3 (EPA + DHA) y los antioxidantes —como la cúrcuma, la vitamina C o el resveratrol— reducen esta inflamación y protegen la estructura ósea.
- **Exposición solar moderada.** Tomar el sol entre quince y veinte minutos al día en brazos y piernas ayuda a sintetizar la vitamina D.
- **Evaluación médica y pruebas.** Resulta básico realizar una densitometría ósea a partir de los cincuenta años, o antes, si hay factores de riesgo (antecedentes familiares, fracturas previas, menopausia pre-

coz). Utilizar las revisiones periódicas para ajustar la suplementación y el ejercicio.

Los huesos no «duelen»... hasta que se rompen. Prevenir la osteoporosis en la menopausia no es opcional, es un seguro de salud a largo plazo. Con fuerza, buenos hábitos y suplementación inteligente, es posible llegar a los setenta u ochenta años con huesos sólidos y una vida activa.

¿Y qué pasa con la terapia hormonal y la osteoporosis?

La terapia hormonal sustitutiva (THS) puede ser muy útil en algunos casos, sobre todo cuando los síntomas son muy intensos o hay riesgo alto de osteoporosis precoz. Pero no es la única opción ni está exenta de riesgos.

Un enfoque integrativo (alimentación, estilo de vida, suplementación) puede reducir la necesidad de THS, permitir usarla a dosis más bajas o incluso evitarla en algunos casos.

Siempre debe valorarlo un profesional con visión de conjunto.

Caja de casos clínicos

Caso 1: renacer a los cincuenta

Pilar, de cincuenta y un años, era profesora de instituto y llevaba una vida activa, aunque muy exigente emocionalmente. Había empezado a sentir que su cuerpo ya no respondía igual: sofocos intensos, insomnio, cambios de humor y un agotamiento que la acompañaba desde primera hora de la mañana hasta la noche. Dormía mal, se despertaba sudando y se levantaba sin energía. «Me siento como si me hubieran cambiado las pilas», decía, entre risas tristes. Su analítica mostró vitamina D baja, magnesio insuficiente, perfil lipídico alterado leve y hormonas propias de una transición menopáusica temprana con estrógenos descendidos y hormona foliculoestimulante (FSH) elevada. No estaba enferma: estaba atravesando una etapa vital para la cual necesitaba acompañamiento.

¿Qué hicimos? Comenzamos por la base: reducir azúcares añadidos y ultraprocesados, priorizar cenas ligeras y crear un ritual nocturno que favoreciera la relajación. Añadimos una combinación de fitoestrógenos naturales (cimicífuga racemosa y trébol rojo), junto con magnesio, vitamina D y omega 3 para apoyar el equilibrio hormonal, el estado de ánimo y el descanso. A los pocos meses, los sofocos se habían reducido, dormía mejor y su humor estaba más estable. «Ahora siento que la menopausia no es el final de nada, sino el inicio de una nueva versión de mí», me contó, con una sonrisa serena.

Caso 2: recuperar el deseo y la vitalidad

María, de cincuenta y un años, era arquitecta y llevaba una vida activa, aunque muy marcada por el estrés en el estudio. En los últimos meses refería disminución del deseo sexual, sequedad vaginal y una apatía generalizada que la hacía sentirse desconectada de sí misma y de su pareja. Dormía peor y se levantaba sin energía. Su analítica mostró vitamina D baja, magnesio insuficiente, estrógenos en descenso y un perfil inflamatorio ligeramente elevado, todo coherente con una transición menopáusica que estaba afectando a su bienestar íntimo y emocional.

¿Qué hicimos? Reforzamos una alimentación rica en fitoestrógenos naturales (soja fermentada, lino, garbanzos) e introdujimos *ashwagandha* para modular el estrés y mejorar el ánimo; omega 3 para reducir inflamación y apoyar la salud sexual, y maca andina por su efecto adaptógeno y energizante. Recomendamos ejercicio moderado cuatro veces por semana y prácticas de autocuidado corporal como baños calientes, masajes y meditación suave. Tras seis semanas, María había incrementado su deseo sexual, se sentía con más energía y su estado de ánimo era notablemente más positivo. «Vuelvo a sentirme yo..., y eso lo cambia todo», me dijo, emocionada.

Caso 3: acompañar la menopausia tras el cáncer

Laura, de cuarenta y siete años, era contable en una empresa familiar. Había pasado por un cáncer de mama hormonodependiente dos años atrás. Tras la cirugía, la quimioterapia y la terapia hormonal, se encontraba libre de enfermedad, aunque seguía en seguimiento con su oncóloga. La menopausia terapéutica inducida por el tratamiento la había dejado con sofocos intensos, insomnio, irritabilidad y una tristeza que no esperaba. Sentía que el cáncer había terminado, pero su bienestar aún no había regresado del todo. Su analítica mostraba vitamina D muy baja, magnesio insuficiente, perfil lipídico alterado, estrógenos suprimidos de forma esperada por la terapia hormonal y marcadores inflamatorios ligeramente elevados. Todo ello explicaba buena parte de sus síntomas físicos y emocionales.

¿Qué hicimos? Diseñamos un plan adaptado a su historia oncológica y siempre coordinado con su oncóloga. Priorizamos una dieta rica en vegetales antioxidantes y crucíferas (brócoli, col, kale) para favorecer la detoxificación hepática de estrógenos, evitando la soja y las isoflavonas, no recomendadas en su caso. Introdujimos omega 3, magnesio y vitamina D3 + K2 a diario, y cimicífuga durante tres meses consecutivos, evaluando la tolerancia y la evolución de síntomas en cada revisión mensual. Añadimos, además, yoga suave, ejercicios de respiración y prácticas de *mindfulness* para regular el sistema nervioso. Tras ocho semanas, Laura mostraba una mejor regulación emocional, menos sofocos y un descanso más estable. «Por primera vez desde que acabé el tratamiento, siento que mi cuerpo empieza a encontrar su equilibrio», me dijo, conmovida.

IMPORTANTE

La menopausia no es una pérdida, sino una transformación. Con los nutrientes adecuados y una buena dosis de amor propio, el cuerpo femenino puede florecer de nuevo, más sabio, libre y pleno.

Conclusión: una nueva etapa, una nueva sabiduría

La menopausia no es una enfermedad. Es un proceso natural, un rito de paso que trae consigo una gran lección: tu cuerpo necesita nuevos cuidados y tú tienes el poder de dárselos.

Esta etapa puede ser el inicio de un **renacer**: un momento para soltar exigencias, reconectar con tu fuerza y elegir cómo quieres vivir los próximos treinta o cuarenta años.

La suplementación —bien pensada y personalizada— es una gran aliada, no para «frenar el tiempo», sino para vivir esta transición con energía, salud y plenitud.

CHECKLIST DE SÍNTOMAS Y SOLUCIONES

SÍNTOMA	POSIBLE CAUSA	APOYO RECOMENDADO
Sofocos y sudores	Bajada de estrógenos	Fitoestrógenos, omega 3, vitamina E, cimicífuga.
Insomnio	Desajuste circadiano	Melatonina, magnesio, *ashwagandha*.
Ansiedad e irritabilidad	Caída de progesterona	Magnesio, GABA, L-teanina, rhodiola.
Pérdida de masa ósea	Déficit de estrógenos y vitamina D	Vitamina D, K2, calcio, colágeno.
Disminución de libido	Cambios hormonales	Maca, *ginseng*, zinc, omega 3.
Sequedad vaginal	Menos lubricación natural	Omega 3, vitamina E, hidratantes locales.
Niebla mental y olvido	Estrógenos + inflamación	DHA, complejo B, fosfatidilserina, cúrcuma.

9.

SUPLEMENTACIÓN PARA PACIENTES ONCOLÓGICOS

El cáncer nos quiebra, pero también puede abrirnos una puerta hacia un nuevo modo de vivir, de nutrirnos, de amarnos.

Recibir un diagnóstico de cáncer es como si, de pronto, el suelo se moviera bajo tus pies. Llegan el miedo, la incertidumbre, la prisa por decidir, la entrega a tratamientos intensos que cambian la vida. Pero, a la vez, para muchas personas —y yo me incluyo— también supone **el inicio de un viaje de reconexión** con el propio cuerpo, con los cuidados más básicos y con una nueva forma de entender la salud.

Como médica y superviviente de cáncer, he aprendido que la medicina convencional —quimio, radio, cirugía— es esencial, pero que **hay más piezas en el puzle de la recuperación**: alimentación, descanso, movimiento, gestión emocional y, sí, **una suplementación bien planteada**, que apoye la vitalidad, el sistema inmune y la calidad de vida.

¿Se pueden tomar suplementos durante el cáncer? La respuesta es sí, pero con criterio. La suplementación no reemplaza los tratamientos médicos. No es una alternativa ni un atajo. Pero cuando está bien dirigida, puede ser una gran aliada: alivia efectos adversos de la quimio o la radioterapia, fortalece el sistema inmune, ayuda a mantener el apetito, la digestión y la energía, mejora el ánimo y la calidad de vida y favorece la recuperación para que el cuerpo encuentre de nuevo su equilibrio.

Eso sí: **la supervisión profesional es clave**. Hay suplementos que, tomados en el momento inadecuado o en dosis excesivas, pueden interactuar con fármacos o incluso restar eficacia a los tratamientos. La suplementación en cáncer **no va de «cuanto más, mejor»**: va de **acertar en el cuándo, el cómo y el cuánto**.

Fases del proceso oncológico y suplementación asociada

1. Durante el tratamiento activo (quimioterapia, radioterapia, cirugía)

En esta fase, el cuerpo está en plena batalla. El objetivo no es detoxificar ni «reconstruirlo todo», sino ayudarlo a resistir, reducir los daños colaterales y proteger las células sanas. ¿Qué buscamos en esta fase?

- Cuidar los órganos que procesan la quimio (especialmente el hígado y los riñones).
- Prevenir la pérdida de peso y masa muscular.
- Calmar la inflamación y proteger la mucosa digestiva.
- Mitigar los efectos adversos más comunes: náuseas, llagas en la boca, diarrea, fatiga.

La ciencia respalda la existencia de algunos aliados muy concretos.

- **Glutamina:** puede reducir la mucositis (esas dolorosas llagas en la boca) y la diarrea y ayudar a que el músculo no se consuma.
- **Jengibre:** en cápsulas o en infusión, es un clásico para combatir las náuseas.
- **Omega 3 (EPA y DHA):** aporta un efecto antiinflamatorio suave y puede mejorar el apetito.
- **Probióticos específicos**, como *Lactobacillus rhamnosus GG* o *Saccharomyces boulardii*: ayudan a prevenir la diarrea provocada por antibióticos y radioterapia.
- **Vitamina D:** si hay déficit, refuerza el ánimo y la inmunidad.
- **Zinc y selenio:** cuidan la mucosa intestinal, aunque en dosis altas conviene evitarlos justo los días de quimio.
- **Melatonina:** ayuda a mejorar el descanso y disminuir los efectos secundarios de los tratamientos.

IMPORTANTE

Algunos suplementos antioxidantes potentes (vitamina C en megadosis, vitamina E, cúrcuma en dosis altas, resveratrol) pueden interferir con la quimio si se usan de forma inadecuada. No es que «estén prohibidos para siempre»: simplemente, no es su momento.

2. Fase de recuperación postratamiento

Cuando la quimio y la radioterapia terminan, llega otra fase igual de importante: **sanar las huellas que han dejado**. El cuerpo pide reconstrucción y reparación. Los objetivos de esta fase son:

- Restaurar la microbiota intestinal devastada por antibióticos y quimio.
- Rellenar los depósitos de vitaminas y minerales que se vaciaron.
- Desinflamar, reparar, recuperar energía.

Nuestros aliados para alcanzar estos objetivos son:

- **Probióticos y prebióticos** para devolver vida al intestino.
- **Curcumina biodisponible:** ahora sí, es un potente antiinflamatorio que ayuda a calmar el «fuego interno».

- **Coenzima Q10:** alimento para las mitocondrias, que son las fábricas de energía celular.
- **Complejo B y magnesio** para recuperar el sistema nervioso, favorecer el descanso y recuperar el ánimo.
- **Glutatión o NAC:** apoyan al hígado y a la detoxificación natural del cuerpo.

3. Prevención de recaídas y acompañamiento a largo plazo

Una vez recuperados de lo más urgente, la mirada se posa en el futuro: cómo mantener el cuerpo fuerte y en equilibrio para que el cáncer no vuelva a encontrar un terreno fértil. Para ello, resulta básico mantener el sistema inmune «despierto», pero no inflamado; crear un entorno celular sano, con poca inflamación y buena oxigenación; y ayudar en la reparación del ADN y los mecanismos de protección del propio cuerpo.

¿Cómo ayudar a nuestro cuerpo a conseguirlo?

- **Vitamina D** en niveles óptimos (40-60 ng/mL).
- **Melatonina:** no solo para dormir mejor, sino por sus posibles efectos oncostáticos.
- **Hongos medicinales** (*reishi, maitake, shiitake*, cordyceps): modulan la inmunidad y aportan vitalidad.
- **Cúrcuma, resveratrol, sulforafano:** son antioxidantes que apoyan la prevención.

Estos suplementos deben ir unidos a lo esencial: una **dieta anticáncer**, **movimiento**, **sol**, **gestión emo-**

cional, **descanso** y una vida lo más libre posible de **tóxicos.**

Nutrir el cuerpo en el camino del cáncer

La suplementación en el cáncer no es un milagro, ni una alternativa, ni una pastilla que lo solucione todo. Es una herramienta que, bien usada, puede hacer que la quimio se tolere mejor, que el intestino se recupere antes, que la energía vuelva y que el sistema inmune encuentre su equilibrio.

He visto pacientes que, gracias a un poco de glutamina, pudieron comer sin dolor. Otros que, con jengibre, por fin vencieron las náuseas. Algunos que, con melatonina, volvieron a dormir y a soñar.

No se trata de luchar con más fuerza, sino de cuidarse con más amor. Porque cada nutriente que aportamos a nuestro organismo, cada célula que respira mejor, cada noche de descanso... es una pequeña victoria en este camino de sanación.

Nutrientes especialmente vulnerables en pacientes oncológicos

Los tratamientos anticancerígenos pueden agotar varios nutrientes esenciales.

NUTRIENTE	FUNCIONES	RIESGO DE DÉFICIT POR…
Vitamina D	Inmunidad, hueso, ánimo.	Poca exposición solar.
B12 y folato	ADN, energía, sistema nervioso.	Quimio, omeprazol.
Zinc	Reparación celular, mucosas.	Pérdida por diarrea, baja ingesta.
Magnesio	Fatiga, sistema nervioso.	Fármacos como el cisplatino.
Glutamina	Tejido intestinal y muscular.	Quimio, caquexia.
Proteína	Sistema inmune, recuperación.	Anorexia, náuseas.

¿Y si hay metástasis o cáncer avanzado?

En fases avanzadas, la suplementación se enfoca en el control de síntomas (dolor, digestión, insomnio), el apoyo emocional y la mejora del estado de ánimo y la preservación de la calidad de vida y la autonomía.

La escucha, el acompañamiento integral y la nutrición compasiva son básicos en estas etapas.

Suplementos específicos en cáncer

Melatonina: mucho más que una ayuda para dormir

Cuando pensamos en la melatonina, casi siempre la asociamos con «dormir mejor». Y sí, la melatonina regula el **ritmo circadiano** (nuestro reloj biológico) y mejora la calidad del sueño. Pero la ciencia ha descubierto algo fascinante: su papel en oncología va mucho más allá del descanso nocturno.

En los últimos años, la melatonina se ha convertido en una de las moléculas más investigadas en casos de cáncer. Varios estudios en laboratorio y ensayos clínicos han mostrado que la melatonina:

- **Modula el sistema inmune.** Estimula la actividad de células *natural killer* (NK) y linfocitos T, que forman parte de nuestra defensa anticáncer.
- **Actúa como antioxidante selectivo.** Protege las células sanas del daño oxidativo causado por la quimioterapia y la radioterapia, sin proteger las células tumorales.
- **Tiene propiedades oncostáticas.** En ciertos modelos, frena el crecimiento de células cancerígenas, inhibe la angiogénesis (creación de nuevos vasos que nutren el tumor) y modula la apoptosis (muerte programada de células dañadas).

- **Reduce los efectos secundarios de la quimio y la radioterapia.** Mejora el sueño, disminuye la fatiga, la depresión y el insomnio asociados al cáncer.

Estudios como el de Lissoni *et al.*[4] sugieren que la melatonina puede incluso mejorar la tolerancia a la quimioterapia y, en algunos casos, potenciar su eficacia.

Durante el **tratamiento activo**, ayuda a regular el sueño, tan alterado por la ansiedad, la hospitalización o la medicación (especialmente por los corticoides y la quimioterapia). Además, puede reducir la fatiga y mejorar el estado de ánimo.

En la **recuperación y prevención a largo plazo**, apoya al sistema inmunitario y contribuye a un «terreno biológico» menos inflamatorio y más equilibrado.

La melatonina tiene un **perfil de seguridad excelente**, incluso en dosis más altas que las que se usan para el insomnio común. En ensayos clínicos oncológicos se han usado dosis de 3 mg hasta 20 mg/día sin efectos adversos relevantes. No interfiere con la quimioterapia ni con la radioterapia y puede combinarse con la mayoría de fármacos oncológicos (aunque siempre debe notificarse al equipo médico).

4 Lissoni, P., Barni, S., Mandalà, M., Ardizzoia, A., Paolorossi, F., Vaghi, M., *et al.*, «Decreased toxicity and increased efficacy of cancer chemotherapy using the pineal hormone melatonin in metastatic solid tumour patients with poor clinical status». *Eur J Cancer*. 1999; 35(12):1688-92. DOI: 10.1016/s0959-8049(99)00159-8.

BENEFICIOS	PRECAUCIONES
Regula el sueño y el ritmo circadiano.	Consultar siempre al oncólogo antes de tomar dosis altas.
Reduce la ansiedad y la depresión leves. Potencia el efecto oncostático y antioxidante selectivo.	Usar melatonina de liberación retardada si hay despertares nocturnos; y sublingual si cuesta conciliar el sueño.
Protege las células sanas frente al daño de quimio y radioterapia.	

DOSIS ORIENTATIVA

1,9-5 mg por la noche para insomnio. En algunos protocolos oncológicos, se recomiendan dosis más altas (10-20 mg) bajo supervisión médica.

La melatonina es un ejemplo de cómo un «simple suplemento para dormir» puede convertirse en un aliado inesperado en el tratamiento oncológico. No solo ayuda a descansar mejor —algo fundamental para la recuperación—, sino que también apoya al sistema inmunitario, protege las células sanas y podría tener efectos directos sobre el crecimiento tumoral.

En oncología integrativa, la melatonina no es un detalle. Es una pieza clave del cuidado global del paciente.

Vitamina D: no solo una vitamina

Cuando hablamos de vitamina D, solemos pensar en huesos fuertes y prevención de la osteoporosis. Pero la vitamina D es mucho más que «la vitamina del sol»: en realidad, actúa como una **hormona** esteroidea. El término *vitamina* se utilizó históricamente porque se pensaba que solo podía obtenerse a través de la dieta. Sin embargo, hoy sabemos que el organismo sintetiza vitamina D en la piel cuando se expone a la radiación solar (UVB), y que luego se transforma en su forma activa, la calcitriol o 1,25-dihidroxivitamina D, una molécula con funciones hormonales.

Esta forma activa se une a receptores presentes en casi todos los tejidos, modulando la expresión de más de doscientos genes implicados en la inmunidad, el equilibrio hormonal, la inflamación y la proliferación celular. Y ahí está la clave: la vitamina D juega un papel fundamental en la prevención y evolución del cáncer. Más del 50 % de la población mundial tiene niveles insuficientes de vitamina D. En pacientes con cáncer, este porcentaje es aún mayor.

Numerosos estudios observacionales han encontrado que niveles bajos de vitamina D se asocian con **mayor riesgo de varios tipos de cáncer** (colon, mama, próstata, páncreas) y con **peor pronóstico** en quienes ya lo padecen.

La vitamina D regula la proliferación celular (puede «frenar» el crecimiento descontrolado de las células cancerosas), promueve la apoptosis (la «muerte programada» de células dañadas), modula la inflamación crónica y la angiogénesis (la formación de nuevos vasos sanguíneos que nutren al tumor) y refuerza el sistema inmunitario: ayuda a que células como los linfocitos T reconozcan y ataquen las células tumorales.

Un metaanálisis publicado en *BJC*[5] mostró que pacientes oncológicos con niveles óptimos de vitamina D vivían **más tiempo** y tenían **mejor respuesta a los tratamientos** que los que eran deficitarios. ¿Qué significa esto para el paciente con cáncer?

- **Es fundamental medir los niveles de vitamina D.** No basta con «tomar un poco de sol»: muchos pacientes oncológicos presentan un déficit severo. El objetivo es mantener niveles **entre 40-60 ng/mL** (no solo estar «en rango»).
- **La suplementación suele ser necesaria.** La quimioterapia, la hormonoterapia y el menor tiempo al aire libre (por fatiga o miedo al sol) bajan los niveles de vitamina D aún más. La mayoría de los pacientes necesitarán **2.000-4.000 UI/día** para alcanzar el punto óptimo (en algunos casos más). La suplementación siempre se hará bajo control médico.
- **Presenta beneficios más allá de la salud ósea.** Diversas investigaciones sugieren que un buen nivel de vitamina D puede mejorar el pronóstico en ciertos cánceres, reducir la inflamación y reforzar la inmunidad.

5 Keum, N. y Giovannucci, E., «Vitamin D supplements and cancer incidence and mortality: A meta-analysis». *Br J Cancer*. 2014; 111(5):976-980. DOI: 10.1038/bjc.2014.294.

La vitamina D es segura, pero **no todo vale**. Dosis excesivas (≥ 10.000 UI/día durante meses) pueden causar **hipercalcemia** (exceso de calcio en sangre). Por eso, lo ideal es medirla mediante analíticas y que sea un profesional sanitario quien ajuste la dosis.

BENEFICIOS	PRECAUCIONES
Refuerza el sistema inmune.	Hay que controlar los niveles en sangre cada 3-6 meses.
Mejora la respuesta a tratamientos.	Se debe combinar con vitamina K2 (ayuda a que el calcio vaya a los huesos y no a las arterias).
Reduce la inflamación y modula la proliferación celular.	
Protege huesos y músculos (importante en caso de hormonoterapia).	

DOSIS ORIENTATIVA

2.000-4.000 UI/día para mantener niveles óptimos (40-60 ng/mL). Ajustar dosis si hay déficit grave o niveles altos.

La vitamina D no es solo una vitamina, es un **modulador del sistema inmunitario y celular**. Para los pacientes oncológicos, mantener niveles óptimos no es un detalle: es una estrategia clave para apoyar el tratamiento, mejorar la calidad de vida y, potencialmente, el pronóstico.

En oncología integrativa, la vitamina D debería ser medida y optimizada en todos los pacientes. Porque un simple rayo de sol puede ser una poderosa herramienta de salud.

Glutamina: ¿aliada o enemiga?

La glutamina es uno de los suplementos más comentados —y también más polémicos— en el contexto del cáncer. Por un lado, muchos hospitales y guías clínicas la recomiendan para aliviar **efectos secundarios de la quimioterapia**; por otro, hay estudios en laboratorio que han generado dudas sobre su seguridad en tumores.

La glutamina es un aminoácido presente de forma natural en nuestro cuerpo. Cumple funciones clave:

- Nutre las **células del intestino**. Es el «combustible» de los enterocitos, las células que forman la barrera intestinal.
- Mantiene el **sistema inmunitario activo**.
- Protege la **mucosa oral**, ayuda a prevenir y reparar las úlceras en la boca (mucositis) tan frecuentes al recibir quimioterapia.
- Ayuda a conservar la **masa muscular**. Evita que el cuerpo «consuma» su propio músculo en estados de desgaste.

¿Por qué surge, entonces, la polémica? En modelos celulares y animales, se ha visto que algunas células tumorales (especialmente las de ciertos cánceres agresivos, como el de páncreas o el de pulmón) usan glutamina como fuente de energía. Esto hizo saltar la alarma: ¿y si suplementar con glutamina «alimenta» al cáncer?

Los **ensayos clínicos** realizados con humanos no han demostrado que la glutamina empeore el pronóstico ni acelere el crecimiento tumoral. La European Society for Clinical Nutrition and Metabolism (ESPEN) y otras guías europeas avalan su uso **en dosis moderadas (5-10 g/día)** para reducir la mucositis, la diarrea y la pérdida muscular en pacientes en tratamiento.

¿Cuándo usarla de forma segura?

- Durante **ciclos de quimioterapia** que causan mucositis o diarrea intensa.
- En pacientes con **caquexia** (pérdida de peso y músculo).

Cuándo NO usarla o hacerlo con precaución:

- Como **suplemento crónico** «por si acaso», sin la supervisión de un oncólogo o nutricionista especializado.
- En **megadosis (> 30 g/día)**, ya que no hay estudios de seguridad a largo plazo.

BENEFICIOS	PRECAUCIONES
Previene la mucositis y la diarrea.	No usarla en megadosis.
Protege la mucosa intestinal.	No tomarla como «protección general» durante meses sin indicación.
Apoya al músculo.	No usarla sin hablar con tu equipo médico.

DOSIS ORIENTATIVA

5-10 g/día (en polvo, disuelta en agua o zumo, entre comidas).

La glutamina no es la enemiga del paciente oncológico. Tampoco es una «píldora mágica». Es una herramienta clínica puntual y eficaz para mitigar los daños de la quimioterapia y mejorar la calidad de vida, siempre que se use en el momento adecuado, en la dosis adecuada y con la guía adecuada.

Hongos medicinales: aliados del sistema inmune

Los hongos medicinales han sido utilizados durante siglos en la medicina tradicional china y japonesa. Hoy, la ciencia occidental empieza a confirmar lo que esas culturas intuían: ciertos hongos contienen **moléculas bioactivas** que pueden ayudar al sistema inmune, reducir la fatiga y mejorar la calidad de vida en pacientes oncológicos.

La clave está en los **beta-glucanos**, polisacáridos presentes en la pared celular de estos hongos:

- **Modulan el sistema inmune.** Activan las células NK y los macrófagos, mejorando la respuesta defensiva frente a infecciones y apoyando la vigilancia inmunológica.

- **Tienen efecto adaptógeno.** Ayudan al cuerpo a responder mejor al estrés (físico y emocional).
- **Aportan antioxidantes y compuestos antiinflamatorios** que pueden disminuir la inflamación crónica.

No «estimulan» el sistema inmune de forma descontrolada, sino que lo equilibran: lo despiertan si está apagado y lo calman si está sobreactivado.

Estos son los principales hongos medicinales en oncología integrativa:

- ***Reishi (Ganoderma lucidum),*** apodado «el hongo de la inmortalidad» en Asia. Modula la inmunidad, reduce la fatiga y el insomnio y mejora la tolerancia a tratamientos. Algunos ensayos sugieren que puede mejorar la respuesta inmune en pacientes con quimioterapia y reducir efectos secundarios.
- ***Maitake (Grifola frondosa).*** Rico en la fracción D de beta-glucanos, compuestos muy estudiados en Japón. Estimula la respuesta de los macrófagos y los linfocitos T, y ayuda a combatir la inmunosupresión de la quimio. Usado como coadyuvante en cáncer de mama y de pulmón para mejorar la energía y el apetito.
- ***Shiitake (Lentinula edodes).*** Contiene **lentinano**, un polisacárido con efecto inmunomodulador. Apoya al sistema inmune y mejora la microbiota intestinal. En Japón, el lentinano inyectable está aprobado como coadyuvante en algunos protocolos oncológicos.
- **Cordyceps *(Cordyceps sinensis).*** Conocido como «el hongo de los deportistas» por su efecto en la ener-

gía y la oxigenación celular, mejora la fatiga, la vitalidad y la tolerancia al ejercicio suave. Ha demostrado ser útil para pacientes debilitados y con fatiga crónica.

Aunque los hongos medicinales son, en general, seguros, hay situaciones en las que hay que **ser prudentes**:

- **Trasplante de órganos o médula.** Los hongos pueden modular el sistema inmune y no deben usarse en pacientes inmunosuprimidos con medicación antirrechazo (existe el riesgo de interferir con el tratamiento).
- **Plaquetas muy bajas.** Algunos hongos (especialmente el *reishi*) pueden tener **leve efecto anticoagulante**; en pacientes con trombocitopenia severa (un nivel de plaquetas inferior a las cincuenta mil), se recomienda evitarlos.
- **Alergias a hongos.** Aunque son poco frecuentes, pueden darse reacciones en personas sensibles.
- **Calidad del extracto.** Es fundamental usar productos estandarizados en beta-glucanos y libres de contaminantes (muchos productos baratos tienen pesticidas o metales pesados).

Los hongos medicinales no curan el cáncer, pero pueden ser aliados poderosos para mejorar la calidad de vida, reforzar el sistema inmune y disminuir la fatiga del tratamiento. Su fuerza está en el equilibrio: **no empujan al cuerpo, lo acompañan.**

Omega 3: ¿qué nos dice la ciencia?

Los ácidos grasos omega 3, en especial el EPA y el DHA, han sido ampliamente estudiados en oncología. Estos son algunos de los beneficios que aportan:

- Varios ensayos clínicos muestran que el EPA puede **frenar la caquexia** (estado de extrema desnutrición, atrofia muscular, fatiga y debilidad), un problema muy frecuente en cáncer avanzado. En un estudio publicado en *Journal of Clinical Oncology*,[6] pacientes con cáncer que tomaron suplementos de EPA mantuvieron mejor su masa muscular y su apetito.
- El omega 3 parece **mejorar la tolerancia a la quimioterapia** y reducir algunos de sus efectos adversos.
- Una revisión en *Nutrients*[7] concluye que la suplementación con EPA/DHA puede mejorar el estado nutricional y la respuesta al tratamiento.
- La inflamación crónica es un terreno fértil para el cáncer. El EPA, en particular, actúa como **modulador de la inflamación**, ayudando a «apagar el fuego de fondo» sin interferir con la quimio.
- Aunque los resultados son iniciales, algunos estudios observacionales han visto que pacientes con

6 Fearon, K. C., Barber, M. D., Moses, A. G., Ahmedzai, S. H., Taylor, G. S., Tisdale, M. J., *et. al.*, «Double-blind, placebo-controlled, randomized study of eicosapentaenoic acid diester in patients with cancer cachexia». *J Clin Oncol.* 2006; 24(21):3401-3407. DOI: 10.1200/JCO.2005.04.5724.

7 Pires, L. B. C., Salaroli, L. B., Podesta, O. P. G., Haraguchi, F. K. y Lopes-Júnior, L.C., «Omega-3 Supplementation and Nutritional Status in Patients with Pancreatic Neoplasms: A Systematic Review». *Nutrients.* 2024; 16(23):4036. DOI: 10.3390/nu16234036.

buenos niveles de omega 3 **viven más y con mejor calidad de vida**.

¿Debemos tener en cuenta algunas precauciones en el uso de los omega 3? Sí, son pocas pero importantes:

- En pacientes con **plaquetas muy bajas** (niveles inferiores a cincuenta mil) o con riesgo de sangrado, hay que ajustar la dosis o posponer la suplementación.
- Busca siempre **productos certificados**, libres de metales pesados y con concentraciones claras.

¿Qué pasa si hay cáncer avanzado o en fase paliativa?

Cuando el cáncer está en una etapa avanzada, las prioridades cambian. La suplementación no busca «curar» el cáncer, ni sustituye a los tratamientos médicos. Su papel pasa a ser otro, igual de valioso: aliviar síntomas, aportar confort, mejorar el ánimo y la calidad de vida y sostener al paciente en el día a día.

En esta etapa, lo que más importa no son los números de los análisis ni los nombres de los suplementos. **Lo que importa es cómo te sientes**: si puedes dormir sin dolor, si tienes fuerzas para levantarte y disfrutar de un café, si puedes compartir momentos con tu familia sin que la fatiga te nuble.

La suplementación, bien elegida, **puede ayudar a que esos pequeños grandes momentos sean posibles.**

¿Cuáles son los **objetivos** de la suplementación en cáncer avanzado o fase paliativa?

- **Mejorar el descanso y la serenidad.** La **melatonina** y el **magnesio** ayudan a dormir mejor y calmar la mente. también son de ayuda las **infusiones** suaves (tila, pasiflora), que reconfortan sin efectos secundarios.
- **Aliviar las molestias digestivas.** Utiliza el **jengibre** para las náuseas y los **probióticos** para evitar diarrea o estreñimiento por la medicación. La **glutamina** (en protocolos cortos) alivia la mucositis o la diarrea severa.
- **Mantener la energía y la fuerza.** La **proteína en polvo** (vegana o de suero) ayuda a quienes comen poco. Los ácidos **omega 3** reducen la inflamación y la fatiga.
- **Cuidar el ánimo y la conexión emocional.** El **azafrán** y los adaptógenos suaves (como la *ashwagandha*) pueden ayudar a reducir la ansiedad y la tristeza leve.

RECUERDA

Los suplementos no son solo cápsulas: la música, los abrazos, los rituales de autocuidado también nutren.

En esta etapa, no se busca «curar» el cáncer con suplementos. No se usan megadosis de antioxidantes, ni «protocolos milagro», como ayunos extremos, dietas drásticas o «curas» milagrosas de internet. En ningún caso se deben sumar decenas de cápsulas que sobrecarguen al paciente. La clave es **la sencillez y la suavidad**. Utiliza solo aquello que te aporte **bienestar real** y que no interfiera con los tratamientos médicos o con tu tranquilidad.

La suplementación no es una guerra contra el cáncer, es un **abrazo al paciente**. Se trata de **mejorar el presente**, de ofrecer alivio, de que haya menos dolor, más descanso, más momentos de paz. Porque aunque no cure, **sí puede sanar algo muy profundo: la experiencia, quizá, de los últimos capítulos de la vida.**

Mitos y miedos sobre los suplementos en cáncer

Cuando a alguien le diagnostican cáncer y escucha la palabra *suplementos*, las reacciones suelen polarizarse. Por un lado, están quienes dicen: «Me dijeron que no tomara NADA natural, que todo interfería con la quimio»; por otro, los que escuchan: «Toma cúrcuma a cucharadas, vitamina C en megadosis y ya verás cómo te curas».

Ambas posturas son extremas... y peligrosas.

Ni todos los suplementos están «prohibidos» durante un tratamiento oncológico, ni «todo vale» en cualquier cantidad o momento. La clave está en saber cuáles, cuándo y cómo usarlos, siempre con supervisión profesional.

¿Por qué hay tanto miedo? Estas son, quizá, las razones más habituales:

- **Falta de información clara.** Muchos oncólogos no reciben formación en nutrición y suplementación, y prefieren decir «no tomes nada» por precaución.
- **Mala praxis en redes.** Gurús sin formación recomiendan mezclas, dosis altísimas o «protocolos milagro» que pueden ser peligrosos. Por ejemplo, se dio el caso de una usuaria que tomó cápsulas de cúrcuma sin supervisión médica durante varios días, siguiendo recomendaciones en redes sociales, y sufrió daño hepático grave. Este tipo de casos demuestran que no todos los suplementos «naturales» son inocuos, y que una mezcla de dosis elevadas y argumentos de gurú sin base científica puede tener consecuencias reales.
- **Desinformación sobre interacciones.** Algunos suplementos reducen la eficacia de la quimioterapia o aumentan la toxicidad de los fármacos. Otros deben esperar a la fase de recuperación. Por ejemplo, hay antioxidantes muy potentes (vitamina C, vitamina E, resveratrol, cúrcuma en dosis altas) que pueden proteger demasiado las células..., incluidas las cancerosas, y disminuir la eficacia de la quimioterapia si se toman en el momento equivocado. Y hay casos en los que directamente NO se recomienda su uso, como la hierba de San Juan (hipérico), que puede interferir con fármacos quimioterápicos y hormonales.

En oncología integrativa, hay una regla de oro: **no todo lo que es «saludable» es adecuado en cualquier momento**. Hay suplementos que, en dosis altas o en fases inadecuadas, pueden tener el efecto contrario al deseado. En lugar de ayudar al tratamiento pueden interferir con él. El ejemplo más claro son los **antioxidantes**.

La quimioterapia y la radioterapia destruyen células cancerosas provocando **estrés oxidativo**. Es decir, generan «radicales libres» que dañan el ADN de esas células para detener su proliferación. ¿Qué pasa si tomamos antioxidantes muy potentes durante la quimio? En teoría, podrían «proteger» a las células tumorales del daño que la quimio o la radioterapia intentan causar. Estudios en laboratorio y revisiones clínicas alertan de que megadosis de vitamina C, E, glutatión, resveratrol o cúrcuma pueden neutralizar parte de este efecto.

¿Significa eso que nunca podremos tomar antioxidantes? No. Significa que **hay que saber cuándo**.

- **Durante la quimio o radio:** solo dosis moderadas de antioxidantes seguros (por ejemplo, vitamina D, zinc, selenio), siempre bajo la **supervisión de un profesional.**
- **Después del tratamiento activo:** es el momento de introducir antioxidantes potentes, como curcumina, resveratrol, glutatión o vitamina C, para reparar tejidos, reducir la inflamación y prevenir recaídas.

QUÉ TOMAR DURANTE LA QUIMIO (CON SUPERVISIÓN MÉDICA)	QUÉ NO TOMAR DURANTE LA QUIMIO (O DEBE ESPERAR)
Melatonina: disminuye los efectos secundarios asociados al tratamiento.	Megadosis de vitamina C intravenosa sin control médico.
Jengibre en cápsulas o infusión: reduce las náuseas.	Hipérico (hierba de San Juan): interfiere con otros fármacos.
Omega 3 (EPA/DHA): antiinflamatorio, mejora el apetito y el peso.	Antioxidantes en dosis altas (C, E, resveratrol).
Probióticos específicos (*L. rhamnosus, S. boulardii*): protegen microbiota.	Altas dosis de cúrcuma (puede interferir con la quimio), NAC o coenzima Q10.
Vitamina D (si hay déficit): mejora la inmunidad y el estado de ánimo.	Mezclas detox agresivas, ayunos extremos o megadosis de suplementos «milagro».

La suplementación en el cáncer no es un capricho, ni una alternativa, ni una solución mágica. Es una herramienta poderosa cuando se usa con conocimiento, respeto y atendiendo a las especificidades de cada caso. Porque cada célula que se regenera, cada mitocondria que recupera su energía, cada emoción que se sostiene con ternura es una victoria silenciosa en el camino hacia la sanación.

Caja de casos clínicos

Caso 1: luz en medio del tratamiento

Rosa, de cuarenta y nueve años, había sido diagnosticada de cáncer de mama luminal A. Tras la cirugía y el inicio de la quimioterapia, comenzó a sentirse profundamente agotada. «Me levanto cansada, duermo mal y siento que mi cuerpo ya no me pertenece», me dijo en una de nuestras primeras conversaciones.

¿Qué hicimos? Decidimos acompañar su tratamiento oncológico desde un enfoque integrativo, siempre coordinado con su oncóloga. Ajustamos su alimentación para reforzar su sistema inmune y proteger su microbiota intestinal, y añadimos vitamina D3, omega 3, magnesio y melatonina de liberación prolongada para mejorar el descanso y reducir la inflamación. Más adelante, introdujimos extracto de cúrcuma y NAC bajo supervisión médica, como apoyo antioxidante suave. A medida que avanzaban las sesiones de quimioterapia, Rosa comenzó a recuperar energía, dormía mejor y su estado de ánimo estaba mejorando. «He descubierto que también puedo cuidar mi cuerpo mientras lo curo», me dijo, con lágrimas en los ojos.

Caso 2: recuperar fuerza en medio de la tormenta

José, de sesenta y ocho años, había sido diagnosticado de cáncer de páncreas y se encontraba en pleno tratamiento médico. Aunque mantenía un buen apetito, había perdido ocho kilos en apenas dos meses, junto con parte de su masa muscular. Se sentía más débil, fatigado y con menos capacidad para hacer actividades cotidianas como subir escaleras o caminar distancias cortas. En el plano emocional, le preocupaba «desaparecer físicamente demasiado rápido» y no tener suficiente fuerza para afrontar el tratamiento.

¿Qué hicimos? Comenzamos una suplementación con omega 3 (por su efecto antiinflamatorio y su papel en la preservación de masa magra) y proteína vegetal enriquecida con leucina y zinc para apoyar la síntesis muscular y la reparación de tejidos. Añadimos un aporte calórico adicional con batidos caseros densos en energía (avena, plátano y crema de frutos secos), fáciles de tomar incluso en días de menor apetito. Diseñamos también un plan de ejercicios de fuerza suave, adaptado a su nivel, para estimular la musculatura sin agotarlo. En seis semanas, José presentaba una ligera ganancia de masa magra, había logrado estabilizar su peso y se sentía más fuerte para seguir con el tratamiento. «Pensé que seguiría perdiéndome a mí mismo..., pero siento que mi cuerpo vuelve a acompañarme», me dijo, con emoción.

IMPORTANTE

Acompañar el proceso oncológico con nutrición y suplementación consciente no es luchar contra el cuerpo, sino luchar con él. Alimentar la esperanza también es parte de la medicina.

Conclusión: tú puedes...

Este capítulo es mi forma de decirte que **sí hay mucho que puedes hacer**. Que tu cuerpo quiere vivir. Y que acompañarlo con nutrientes, plantas y hábitos sanadores es una forma de rendirle el mayor homenaje: cuidarlo con amor.

En conclusión, los suplementos no son «buenos o malos» en sí mismos: su efecto depende del momento, la dosis y la situación del paciente. Con el cáncer, **el cuándo es tan importante como el qué**. Un mismo antioxidante que puede ser peligroso durante la quimio puede ser un poderoso aliado meses después. La clave está en la palabra mágica: **personalización**.

10.

MITOS Y REALIDADES DE LA SUPLEMENTACIÓN

Cómo separar la ciencia del *marketing* (y no perder el dinero ni la salud en el intento).

En el universo de la nutrición, pocas áreas acumulan tantos mitos como la suplementación. Basta un paseo por redes sociales para toparnos con fórmulas «revolucionarias», dosis «megapoderosas» o promesas de resultados casi instantáneos. La evidencia científica, sin embargo, suele contar otra historia.

Por ejemplo, un producto comercial de pérdida de peso fue responsable de múltiples casos de daño hepático agudo, incluida al menos una muerte. Jóvenes sin enfermedades hepáticas previas tomaron el suplemento siguiendo la promesa de «quemar grasa rápido». Al cabo de algunas semanas presentaron ictericia, un nivel alto de transaminasas y fallo hepático severo.

Este capítulo desmantela los malentendidos más frecuentes, apoya lo que sí funciona y te ofrece herramientas para juzgar la próxima «píldora milagrosa» que se cruce en tu pantalla.

«Si es natural, es cien por cien seguro»

La realidad es que *natural* no significa *inocuo*. Por ejemplo, el kava-kava produce hepatotoxicidad (daño en el hígado); el hipérico, pérdida de eficacia de los anticonceptivos... Revisa las interacciones farmacológicas, qué dosis son seguras y la calidad del extracto (estandarización).

«Cuanto mayor sea la dosis, mayores efectos»

La relación dosis-respuesta suele ser una «curva en U», y *más* no significa necesariamente *mejor*. Por ejemplo, menos de 30 ng/mL de vitamina D implican una situación de déficit; pero más de 150 ng/mL señalan un riesgo de hipercalcemia. Lo mismo sucede con selenio: 55 µg/día cubren nuestras necesidades, pero más de 400 µg/día aumentan el riesgo de diabetes tipo 2. Por su parte, una megadosis de zinc provoca un déficit secundario de cobre.

Busca siempre el **rango terapéutico óptimo**, no el «máximo posible».

«Los suplementos sustituyen a la comida»

Ningún comprimido compensa una dieta pobre: los suplementos son un apoyo, **no un menú en cápsulas**. Los fitonutrientes, la fibra, las enzimas y las sinergias de los alimentos enteros son irreemplazables.

«Todos necesitamos lo mismo»

La edad, el sexo, la genética, la microbiota, la medicación y el estilo de vida cambian la ecuación en cada uno de nosotros. Por ejemplo, durante el embarazo se precisan hierro y ácido fólico adicionales; un deportista vegano necesita B12 y creatina; en la posmenopausia, las mujeres suelen ser deficitarias en calcio y K2.

«Haz un detox exprés en siete días con polvos verdes»

Tu hígado y tus riñones detoxifican las veinticuatro horas del día, los siete días de la semana. Lo que necesitas son los nutrientes clave (glutatión, azufre, vitaminas del grupo B, flavonoides), no «ayunos extremos» ni laxantes. De hecho, la evidencia científica nos dice lo contrario: una revisión de 2015 *(J Hum Nutr Diet)* encontró escaso soporte clínico para programas detox comerciales.[8]

El mejor enfoque es seguir una dieta rica en crucíferas, hidratarse bien, tener una higiene de sueño adecuada y suplementar con NAC o sulforafano cuando proceda.

«Las vitaminas engordan»

No es cierto: las vitaminas no aportan calorías; lo que «engorda» es el exceso de energía, no el aporte de micronutrientes. Quizá esta confusión surja de que los complejos B aumentan el apetito en personas deficitarias, pero no provocan ganancia de grasa *per se*.

«Los suplementos son todos iguales; lo barato sale a cuenta»

La realidad es muy distinta. Existen diferencias cruciales en la forma molecular (por ejemplo, bisglicinato versus óxido de magnesio), el grado de pureza o los excipientes utilizados (ftalatos, dióxido de titanio...). Por ejemplo, no es lo mismo tomar cúrcuma con el 95% de curcuminoides con piperina, que polvo de raíz molida sin estandarizar.

8 Klein A. V. y Kiat, H., «Detox diets for toxin elimination and weight management: A critical review of the evidence». *J Hum Nutr Diet*. 2015; 28(6):675-686. DOI: 10.1111/jhn.12286.

Un buen suplemento garantiza unas buenas prácticas de fabricación (sigue las Good Manufacturing Practices o GMP) y tiene la certificación de un organismo acreditado, como la Organización Internacional de Normalización (ISO), la Organización para la Salud y la Seguridad Pública (NSF) o de Informed-Sport (un programa global de análisis de suplementos deportivos que controla la ausencia de sustancias prohibidas).

«Los efectos se notan en días; si no, es que no funciona»

La realidad es que el tiempo de acción varía. Por ejemplo, los **omega-3** en caso de inflamación articular tardan en mostrar sus efectos entre ocho y doce semanas; los **probióticos**, entre cuatro y seis semanas; el **colágeno** para la piel o las articulaciones, entre tres y seis meses.

«No pasa nada por mezclarlo todo»

Existen antagonismos y solapamientos (consulta el epígrafe «Sinergias e incompatibilidades», en el capítulo 3). Por ejemplo, no debemos juntar hierro y calcio en la misma toma ya que compiten por los receptores DMT-1; por su parte, la cafeína en exceso disminuye la absorción de magnesio.

«La creatina es solo para culturistas»

Como hemos visto en páginas anteriores, la creatina monohidrato mejora la memoria de trabajo, la velocidad de procesamiento y el estado de ánimo en adultos mayores y veganos.

«La suplementación es un gasto; la prevención sale cara»

Muy al contrario de lo que muchos piensan, las intervenciones tempranas con suplementación ahorran costes directos (consultas, fármacos) e indirectos (bajas laborales, productividad, calidad de vida...). Veamos algunos ejemplos claros al respecto.

- Según el estudio SUNSHINE (2017), una dosis diaria de 2.000 UI de vitamina D redujo fracturas y estancias hospitalarias en ancianos mayores de sesenta y cinco años institucionalizados, con el consiguiente ahorro en prótesis, rehabilitación y cuidados geriátricos.[9]
- Según un análisis secundario del ensayo VITAL (con 25.871 participantes, a los que se les hizo un segui-

9 Kimmie, N. G., Nimeiri, H. S., McCleary, N. J., Abrams, T. A., Yurgelun, M. B., Cleary, J. M., *et al.*, «SUNSHINE: Randomized double-blind phase II trial of vitamin D supplementation in patients with previously untreated metastatic colorectal cancer». *J Clin Oncol.* 2017; 35(15): 3506. DOI: 10.1200/JCO.2017.35.15.

miento de cinco años), la vitamina D3 (2.000 UI/día) redujo un 17% la incidencia de cáncer metastásico o fatal en la cohorte total y hasta en un 38% en personas con un índice de masa corporal normal.[10]

- Según el ensayo DO-HEALTH con adultos de setenta o más años, la combinación de vitamina D3 (2.000 UI/día) más omega 3 (1 g EPA/DHA) y un sencillo programa de ejercicio domiciliario mostró un riesgo de cáncer 0,76 veces menor frente a placebo después de tres años. El impacto económico es enorme: implica menor gasto en cirugía, quimioterapia y hospitalizaciones prolongadas, además de preservar la productividad y la calidad de vida.[11]

Confía en los profesionales de la salud

La suplementación puede ser una gran aliada, pero siempre debe estar supervisada por un profesional sanitario formado en la materia. Cada persona tiene necesidades diferentes según su edad, estado fisiológico, patologías y medicación.

10 Chandler, P. D., Chen, W. Y., Ajala, O. N., Hazra, A., Cook, N., Bubes, V., *et al.*, «Effect of Vitamin D3 Supplements on Development of Advanced Cancer: A Secondary Analysis of the VITAL Randomized Clinical Trial». *JAMA Netw Open*. 2020; 3(11):e2025850. DOI: 10.1001/jamanetworkopen.2020.25850.

11 Bischoff-Ferrari, H. A., Willett, W. C., Manson, J. E., Dawson-Hughes, B., Manz, M. G., Theiler, R., *et al.*, «Combined Vitamin D, Omega-3 Fatty Acids, and a Simple Home Exercise Program May Reduce Cancer Risk Among Active Adults Aged 70 and Older: A Randomized Clinical Trial». *Front Aging*. 2022; 3:852643. DOI: 10.3389/fragi.2022.852643.

- En pacientes oncológicos, el seguimiento debe hacerlo el oncólogo o la oncóloga, en colaboración con especialistas en nutrición clínica o medicina integrativa.
- Durante el embarazo o la lactancia, la referencia es la obstetra o el ginecólogo y el médico de familia, quienes valoran las dosis seguras y las posibles interacciones.
- En enfermedades metabólicas, digestivas o autoinmunes, pueden intervenir el médico de familia, el endocrinólogo o el digestivo.
- Los dietistas-nutricionistas y los farmacéuticos especializados también juegan un papel clave en la orientación sobre las combinaciones seguras y en la detección precoz de efectos adversos.

En resumen, confía en tu equipo sanitario. La suplementación bien prescrita suma; la improvisada puede restar.

Caja de casos clínicos

Caso 1: la trampa del *blend* secreto

Antonio, de cincuenta y dos años, corredor aficionado, tomaba tres botes distintos de «fórmulas articulares prémium»: un polvo con *proprietary blend* (mezcla patentada), gomitas de colágeno *high tech* y cápsulas con cúrcuma de origen incierto. Invertía casi ciento cuarenta euros al mes, pero seguía con dolor de rodilla y malestar digestivo. Los análisis mostraron déficit leve de vitamina C y proteína insuficiente, a pesar de todos los suplementos.

¿Qué hicimos? Revisamos uno por uno los productos que estaba tomando: las gomitas aportaban muy poco colágeno y 5 g de azúcar por dosis; el polvo incluía glucosamina mezclada con colorantes; y la cúrcuma no estaba estandarizada, por lo que su absorción era mínima. Sustituimos todo por colágeno hidrolizado tipo I-III con vitamina C en dosis efectivas y cúrcuma estandarizada al 95% con piperina para mejorar la biodisponibilidad. Añadimos ejercicios de fuerza y una toma de proteína después de entrenar. A las ocho semanas, su dolor pasó de siete sobre diez a tres, y había recuperado su velocidad de carrera. «Ahora entiendo que no se trata de comprar más, sino de comprar bien. Con la mitad de productos, he conseguido el doble de resultados», me dijo, satisfecho.

Caso 2: el detox perpetuo

Lucía, de veintiocho años, publicista, sufría hinchazón abdominal e irregularidad intestinal. Una *influencer* le vendió un té detox para tomar durante catorce días y pastillas para eliminar los gases y la hinchazón. Tras cuatro rondas, refería diarrea matinal, ansiedad y caída del cabello. La analítica mostró niveles bajos de ferritina y selenio y salió disbiosis en el test de microbiota.

¿Qué hicimos? Explicamos a Lucía que su hígado depura sin parar, que los laxantes a base de sen beneficiaban solo al fabricante y que un detox extremo desequilibra más de lo que ayuda. Retiramos el té, pautamos sulforafano (brotes), NAC, probiótico multicepa y hierro bisglicinato con vitamina C. Introdujimos la práctica de la respiración diafragmática 5-5-5 (inhalar por la nariz durante cinco segundos, retener el aire en los pulmones durante cinco segundos y exhalar por la boca durante cinco segundos) durante algunos minutos antes de las comidas. A los tres meses, su tránsito era regular, la ferritina mostraba niveles normales y se había reducido el SII en la escala Bristol. La verdadera depuración es nutricional, microbiótica y nerviosa, y lleva tiempo, no *hashtags*. «Jamás pensé que lo que me estaba enfermando era el detox en sí. Ahora sé que escuchar a mi cuerpo vale más que seguir una moda», me dijo, agradecida.

Caso 3: la sinergia dorada (cúrcuma + pimienta + probióticos)

Ismael, de cuarenta y seis años, técnico informático, padecía dolor lumbar crónico y rigidez matutina por espondiloartritis axial leve. Tomaba antiinflamatorios no esteroideos a demanda, pero la gastritis lo obligaba a suspenderlos con frecuencia. Tras leer que la cúrcuma «era antiinflamatoria», compró cápsulas de polvo de raíz barato (sin estandarizar) y abandonó al mes porque «no notaba nada».

Llegó a consulta con dolor que puntuaba en seis sobre diez, hinchazón posprandial y tres ciclos recientes de antibiótico por sinusitis. Evaluamos PCR alta-normal y disbiosis intestinal.

¿Qué hicimos? Le explicamos que la cúrcuma funciona mejor cuando se formula bien (cuando los curcuminoides están estandarizados al 95%) y se acompaña de cofactores de absorción (piperina, por ejemplo). Además, el eje intestino-inflamación-dolor convierte a los probióticos en aliados clave; juntos crean una sinergia que puede reducir los marcadores inflamatorios y mejorar la calidad de vida sin agresión gástrica...

Nuestra intervención se centró en la suplementación con extracto de cúrcuma estandarizada al 95% con piperina, que tenía que tomar junto con comida grasa; un probiótico multicepa por la noche durante doce semanas; un aporte extra de omega 3 y una rutina de movilidad espinal de diez minutos al día.

En la cuarta semana de tratamiento, informó de un dolor de nivel cuatro sobre diez y menos sensación de entumecimiento. En la octava semana, su PCR era normal. Suspendió la toma de antiinflamatorios no esteroideos, salvo en alguna crisis puntual. A las doce semanas, reportó un dolor estable de dos sobre diez y una flexión lumbar de más de quince grados, «tripas tranquilas» y más energía. «No imaginaba que algo tan natural, bien usado, pudiera cambiar tanto mi día a día. Siento que vuelvo a tener el control de mi cuerpo», me dijo, agradecido.

IMPORTANTE

Más no es mejor: existe un rango óptimo. Debemos siempre individualizar la suplementación y hacer las analíticas necesarias. Muchas veces, menos productos, de mejor calidad y con las sinergias adecuadas te ahorrarán dinero y mejorarán tu calidad de vida.

Conclusión: no todo vale

Una suplementación bien informada amplifica los beneficios de una alimentación consciente, un descanso profundo y un movimiento cotidiano. Pero, igual que con la cardiología o la mecánica de un avión, la falta de rigor nos cobra un peaje. Ahora cuentas con el mapa y las señales; úsalos para invertir tu tiempo, tu dinero y, sobre todo, tu confianza, en lo que verdaderamente vale la pena.

11.

EL ESTILO DE VIDA SALUDABLE COMO BASE DE TODO

La suplementación es solo una pieza del puzle. Sin un estilo de vida que la acompañe, pierde fuerza, sentido y eficacia.

Vivimos en una época de avances extraordinarios en nutrición, suplementación y medicina personalizada. Sin embargo, seguimos buscando respuestas rápidas a problemas complejos. Queremos tomar una cápsula que nos resuelva el insomnio, el cansancio o la ansiedad, sin mirar profundamente lo que está sosteniendo —o minando— nuestra salud.

Pero la verdad es sencilla y profunda: **ningún suplemento puede compensar la falta de sueño, el sedentarismo, el estrés crónico o una alimentación ultraprocesada**. La buena noticia es que no necesitas soluciones extremas. Solo volver a lo esencial: moverte, descansar, nutrirte y cuidarte con constancia, atención y cariño.

Este capítulo es una invitación a construir una base sólida para que cualquier intervención (incluyendo la suplementación) tenga sentido y eficacia. Vamos a revisar los cuatro pilares fundamentales.

1. Movimiento: el cuerpo fue hecho para moverse

No necesitas correr maratones ni apuntarte al gimnasio si no te motiva. Pero tu cuerpo sí necesita moverse cada día. El ejercicio regular:

- Reduce el riesgo de enfermedades crónicas (diabetes, cáncer, enfermedades cardiovasculares).
- Mejora la sensibilidad a la insulina.
- Eleva las endorfinas y mejora el ánimo.
- Aumenta la biodisponibilidad de nutrientes y mejora la circulación de suplementos como la vitamina D, el magnesio o la coenzima Q10.

Diseña una rutina de movimiento adaptada a ti. Si estás en un momento de fatiga, bastan veinte minutos de paseo al aire libre. Si estás en forma, combina fuerza, cardio y movilidad. Lo importante es que sea regular y sostenible.

2. Sueño: la medicina más olvidada

Dormir bien sale gratis, pero su valor es incalculable. Durante el sueño se eliminan toxinas cerebrales gracias al sistema glinfático, se regeneran los tejidos, se regulan hormonas, como la melatonina, el cortisol y la hormona del crecimiento, y aumenta la eficacia de antioxidantes como el glutatión o el resveratrol.

Utiliza estas sencillas herramientas para mejorar el sueño:

- Cena temprano y ligero (al menos dos horas antes de acostarte).
- Apaga las pantallas una hora antes de irte a dormir.
- Crea una «cueva»: tu dormitorio debe ser un lugar fresco, oscuro y silencioso.
- Haz una «descarga mental» escribiendo tus preocupaciones en un diario.
- Practica la respiración 4-7-8 antes de dormir.

Técnica de respiración 4-7-8

Una respiración consciente puede cambiar tu noche. Y tu vida.

La técnica de respiración 4-7-8 es un ejercicio sencillo, profundamente relajante, desarrollado por el doctor Andrew Weil basándose en prácticas de pranayama (control de la respiración) del yoga. Su objetivo es **reducir la activación del sistema nervioso simpático** (responsable del estrés y del estado de alerta) y activar el sistema parasimpático, que induce la calma, la somnolencia y el bienestar.

Se ha popularizado como una herramienta eficaz para combatir el insomnio, la ansiedad, las rumiaciones y el estrés acumulado al final del día.

¿Cómo funciona?

- **Inhala durante cuatro segundos** para oxigenar bien los pulmones.
- **Retén el aire siete segundos.** Así permites una mayor oxigenación y haces una pausa que ayuda a disminuir la frecuencia cardiaca.
- **Exhala durante ocho segundos** para liberar más dióxido de carbono del habitual y **profundizar el estado de relajación**.

Este patrón respiratorio actúa como una «llave» que cierra el día y comunica al cuerpo: «Puedes soltar, puedes descansar, todo está bien».

LA RESPIRACIÓN 4-7-8 PASO A PASO

1. *Colócate en la cama, ya preparado o preparada para dormir, con la espalda recta y las manos relajadas.*
2. *Cierra los ojos y respira una vez profundamente por la nariz. Comienza la secuencia.*
3. *Inhala lentamente por la nariz contando mentalmente: 1, 2, 3, 4.*
4. *Retén el aire contando: 1, 2, 3, 4, 5, 6, 7.*
5. *Exhala lentamente por la boca o por nariz, si lo prefieres, contando: 1, 2, 3, 4, 5, 6, 7, 8.*

Para multiplicar sus efectos, repite el ciclo cuatro veces (o hasta ocho, si ya dominas la técnica). Si al principio te cuesta sostener la retención o la exhalación, reduce el ritmo de conteo o haz una versión 3-4-5. Con la práctica, tu capacidad respiratoria y tu relajación mejorarán.

Puedes combinar la técnica con una visualización:

- Mientras inhalas, imagina que respiras calma.
- Mientras retienes, piensa en una imagen segura y serena (el mar, el bosque, alguien al que amas).
- Mientras exhalas, imagina que expulsas el estrés, las tensiones, los pensamientos negativos.

En pocos días de práctica, muchos pacientes reportan dormir más rápido y más profundamente, reducir la ansiedad nocturna y despertar con más claridad mental.

3. Autocuidado: cultivar la calma y la coherencia

El estrés crónico mina la salud. Afecta a la digestión, la inmunidad, el equilibrio hormonal y cerebral. Aprender a bajar el ritmo es una forma de medicina.

Por eso, te proponemos una **rutina de autocuidado emocional**:

- **Escribe un diario de gratitud.** Anota cada noche tres cosas buenas que te hayan pasado durante el día.

- **Mantén el contacto con la naturaleza** al menos durante veinte minutos diarios.
- **Practica la desconexión digital consciente.** Pasa al menos una hora sin móvil al día.
- **Practica yoga, meditación, respiración consciente o *journaling*** para activar el sistema parasimpático (el de la «calma»).

4. Nutrición consciente y personalizada

No hay suplemento que compense una dieta pobre. Pero una dieta rica y variada puede reducir incluso la necesidad de suplementar.

Una **buena alimentación**:

- Está basada en plantas, es rica en verduras, frutas, legumbres, semillas y especias.
- Incluye la proteína suficiente (especialmente en etapas como el envejecimiento o si se padece cáncer).
- Evita los ultraprocesados, los azúcares añadidos y las grasas trans.

Caja de casos clínicos

Caso 1: volver a sentirse viva

Sara, de cincuenta y cinco años, llegó a consulta tras años de cansancio, digestiones lentas, insomnio y tristeza. Había pasado por una época de estrés intenso cuidando de sus padres enfermos y sentía que su vitalidad se había apagado. «No tengo nada grave, pero tampoco tengo vida», dijo con honestidad. Su caso no necesitaba más medicamentos, sino un cambio de estilo de vida profundo.

¿Qué hicimos? Empezamos con pequeños cambios: ir a dormir a la misma hora, salir a caminar cada mañana, introducir alimentos frescos y eliminar los ultraprocesados. Poco a poco incorporamos también suplementación con vitamina D, magnesio, omega 3 y probióticos, junto con sesiones de meditación y gratitud diaria. Tres meses después, su energía era otra. Había rebajado la inflamación, dormía bien y, sobre todo, sonreía. «He descubierto que cuidarme no es egoísmo, es una forma de amor», me dijo, emocionada.

Caso 2: del insomnio al descanso reparador

Marta, de cuarenta y seis años, médica y madre de dos adolescentes, acudió a consulta con insomnio crónico, ansiedad nocturna y un cansancio persistente que la acompañaba desde hacía meses. Había probado melatonina y magnesio por su cuenta, pero sin una mejoría clara. Su analítica mostraba vitamina D baja y homocisteína elevada.

¿Qué hicimos? Establecimos una rutina basada en los pilares del estilo de vida saludable: la higiene del sueño, consistente en evitar las pantallas una hora antes de acostarse, cenar ligero y realizar la respiración 4-7-8 ya en la cama; movimiento diario, con caminatas de treinta minutos y estiramientos suaves; el autocuidado emocional, mediante un diario nocturno en el que se anotan tres gratitudes y la práctica de la respiración consciente dos veces al día; y la nutrición reguladora, consistente en un desayuno rico en proteínas, el evitar café después de las 17 h y el aumentar el consumo de verduras verdes. En tres semanas, Marta había logrado dormirse en menos de quince minutos y dormir entre seis y siete horas seguidas. Su ánimo era más estable y sentía una mente más clara. Lo más importante es que el sueño no vino de un suplemento, sino de devolverle al cuerpo su ritmo natural. «Volver a dormir bien ha sido como volver a respirar..., siento que he recuperado una parte de mí», me dijo.

Caso 3: redescubrir la energía a los setenta

Luis, de setenta años, jubilado activo, refería pérdida de fuerza, digestiones pesadas y dificultad para concentrarse. No tomaba medicación, pero pasaba la mayor parte del día sentado.

¿Qué hicimos? Introdujimos el movimiento diario con caminatas matutinas de veinte minutos y ejercicios con bandas elásticas tres veces por semana; la práctica de la respiración consciente 4-7-8 tras una siesta diaria; la incorporación de legumbres tres veces por semana en su alimentación, la reducción de los azúcares simples y el aumento de omega 3 vegetal vía semillas y nueces; y una rutina constante de horarios de sueño, evitando las pantallas por la noche y buscando la exposición solar matutina. En dos meses, Luis había mejorado su tono muscular, la digestión y el descanso; asimismo, se sentía más lúcido y motivado para retomar actividades sociales. «No he añadido nada extraordinario a mi vida, pero he cambiado el orden de mis prioridades. Y eso lo ha cambiado todo», me dijo, sonriendo.

IMPORTANTE

El movimiento y el descanso bien gestionados son suplementos invisibles, gratuitos y profundamente terapéuticos. La salud no se encuentra en un frasco ni en una pastilla: se construye cada día con decisiones conscientes. El verdadero suplemento es el amor con el que elegimos vivir.

Conclusión: tu cuerpo te escucha

Puedes tomar el mejor suplemento del mercado, pero si no duermes bien, comes de forma caótica, estás siempre estresado y tu vida se caracteriza por el sedentarismo, ese suplemento no podrá hacer milagros.

Un estilo de vida saludable no es una moda ni un lujo. Es la base desde la que todo mejora. Cuando le das a tu cuerpo las condiciones adecuadas, él sabe cómo curarse, regenerarse y florecer.

Y recuerda: **no necesitas hacerlo todo perfecto. Solo empezar, con amor y constancia.**

Guía práctica de autocuidado

A continuación encontrarás una serie de tablas que resumen los puntos esenciales del capítulo y recogen, de forma muy visual, las recomendaciones más útiles. Muchas de ellas repiten conceptos ya explicados anteriormente, y es así de manera intencionada: la repetición facilita integrar mejor la información, ordenar prioridades y convertir el conocimiento en acción.

Esta guía no pretende aportar ideas nuevas, sino ayudarte a identificar de un vistazo lo importante, para que puedas aplicar lo aprendido de forma sencilla, práctica y adaptada a tu vida real con herramientas para transformar tu día a día.

Rutina de autocuidado diario (15-30 minutos al día)

MOMENTO DEL DÍA	ACCIÓN	BENEFICIO
MAÑANA	5 minutos de respiración profunda + afirmación positiva («Hoy elijo cuidarme»).	Reducción del cortisol matutino.
MEDIO DÍA	Paseo consciente de 15 minutos al aire libre, sin móvil, a ser posible tras el almuerzo.	Activación mitocondrial, mejora del estado de ánimo.
NOCHE	Diario de preocupaciones y diario de gratitud (5-10 minutos).	Higiene mental, mejor conciliación del sueño.

Menú saludable antiinflamatorio

½ DEL PLATO	Verduras variadas de temporada (crudas y cocinadas).
¼ DEL PLATO	Proteínas: legumbres, pescado azul, tofu, huevo ecológico.
¼ DEL PLATO	Carbohidratos complejos: quinoa, patata, arroz integral, mijo.
1 CUCHARADA DE GRASA SALUDABLE	Aceite de oliva virgen extra, tahini, aguacate, nueces…
ESPECIAS ANTIOXIDANTES	Cúrcuma, jengibre, pimienta negra, orégano.

Miniplán de movimiento para empezar

NIVEL	DURACIÓN DIARIA	ACTIVIDADES SUGERIDAS
INICIACIÓN	15-20 min	Caminar al aire libre, movilidad articular en casa.
INTERMEDIO	30 min	Yoga, pilates, entrenamiento funcional.
ACTIVO	45-60 min	Entrenamiento de fuerza en gimnasio: máquinas guiadas, mancuernas, gomas elásticas o peso corporal. Combinar con ejercicios de cardio moderado: bicicleta, elíptica, cinta o remo.

Empieza con lo que puedas hacer hoy, sin exigencias. Lo importante es la constancia, no la perfección.

CONCLUSIÓN

TU BIENESTAR EN TUS MANOS

Hemos recorrido juntos un viaje apasionante a través de la salud integral, la nutrición y la suplementación, guiados por la ciencia más reciente y por la experiencia clínica y vital. El objetivo de este libro no ha sido que acumules información, sino que comprendas que **tú tienes un papel activo y fundamental en tu salud**.

Hoy sabemos que la genética marca una predisposición, pero es el estilo de vida —la alimentación, el ejercicio, el descanso, la gestión emocional y una suplementación adecuada— lo que en gran medida determina cómo se expresa esa genética. En otras palabras: no estamos condenados por nuestros genes, sino invitados a cuidarlos.

La suplementación no sustituye a una dieta rica en alimentos frescos, naturales y de temporada; tampoco reemplaza el movimiento, el contacto con la naturaleza o el descanso reparador. Pero sí puede convertirse en un aliado poderoso, capaz de llenar los vacíos que deja la vida moderna, de apoyar procesos clave como la energía celular, la salud intestinal, la protección antioxidante o el equilibrio hormonal.

Hemos visto que cada etapa de la vida requiere unos apoyos concretos: desde la infancia hasta la madurez, pasando por momentos delicados como la menopausia o el proceso oncológico. También hemos aprendido a discernir entre los mitos y la evidencia científica, a elegir suplementos de calidad y a comprender cómo actúan en nuestro organismo.

El mensaje final es sencillo pero profundo:

- Cuida lo que pones en tu plato.
- Muévete cada día.
- Respira y descansa.
- Cultiva relaciones sanas y momentos de calma.
- Y apóyate en la suplementación inteligente cuando tu cuerpo lo necesite.

La salud no es un destino, sino un camino que se construye día a día. No se trata de buscar la perfección, sino de avanzar con conciencia, con pequeños gestos que suman y que, sostenidos en el tiempo, transforman tu bienestar.

Que este libro sea para ti un mapa, pero recuerda: **el camino lo trazas tú**. Cada decisión cuenta, cada elección importa. El poder está en tus manos.

Tu vida plena empieza hoy.

AGRADECIMIENTOS

A la vida, por darme una segunda oportunidad y recordarme que cada célula tiene dentro un impulso natural de sanar.

A mi familia —especialmente a mis hijos, por ser mi motor, mi refugio y mi motivo para seguir aprendiendo cada día.

A quienes me acompañaron en el camino de la enfermedad y la recuperación, enseñándome que el amor, la ciencia y la esperanza pueden convivir.

A mi equipo de OFM Health, por su entrega y compromiso en llevar salud y conocimiento a más personas.

A los profesionales y colegas que creen en una medicina más integradora, humana y basada en la evidencia.

A los investigadores y médicos que, con su trabajo silencioso, hacen posible que hoy entendamos mejor cómo nutrir y proteger nuestro cuerpo.

A las pacientes y lectores que me escriben cada día: sus historias, preguntas y emociones son el alma de este libro.

Y, por último, a ti, que estás leyendo estas líneas. Gracias por confiar, por cuestionarte, por querer cuidarte. Que este libro sea una semilla para reconectar con lo esencial: la salud, la gratitud y la vida.

NOTAS BIBLIOGRÁFICAS

Abdelhamid, A. S., Brown, T. J., Brainard, J. S., Biswas, P., Thorpe G. C., Moore, H. J., *et al.*, «Omega-3 fatty acids for the primary and secondary prevention of cardiovascular disease», *Cochrane Database Syst Rev*. 2020; 3(3). DOI: 10.1002/14651858.CD003177.pub5.

Agencia Española de Seguridad Alimentaria y Nutrición (AESAN), *Estudio sobre la alimentación, actividad física, desarrollo infantil y obesidad en España (ALADINO)*. Madrid: Ministerio de Derechos Sociales, Consumo y Agenda 2023; 2019.

Allen, L. H., «Causes of vitamin B12 and folate deficiency», *Food Nutr Bull*. 2008; 29(2 Suppl). DOI: 10.1177/1564826 5080292S105.

Anderson, P. M., Ramsay N. K., Shu, X. O., Rydholm, N., Rogosheske, J., Nicklow, R., Weisdorf, D., *et al.*, «Effect of low-dose oral glutamine on painful stomatitis during bone marrow transplantation», *Bone Marrow Transplant*. 1998; 22(10):339-344. DOI: 10.1038/sj. bmt.1701361.

Atkuri, K. R., Mantovani, J. J., Herzenberg, L. A. y Herzenberg, L. A., «N-Acetylcysteine–a safe antidote for cysteine/glutathione deficiency», *Curr Opin Pharmacol*. 2007; 7(4):355-359. DOI: 10.1016/j. coph.2007.04.005.

Bailey, R. L., Gahche, J. J, Miller, P. E., Thomas, P. R. y Dwyer, J. T., «Why US adults use dietary supplements», *JAMA Intern Med.* 2013; 173(5):355-361. DOI: 10.1001/jamainternmed.2013.2299.

Bauer, J., Biolo, B., Cederholm, T., Cesari, M., Cruz-Jentoft, A. J., Morley, J. E., *et al.*, «Evidence-based recommendations for optimal dietary protein intake in older people: a position paper», *J Am Med Dir Assoc.* 2013; 14(8):542-559. DOI: 10.1016/j.jamda.2013.05.021.

Bazinet, R. P. y Layé, S., «Polyunsaturated fatty acids and their metabolites in brain function and disease», *Nat Rev Neurosci.* 2014; 15(12):771-785. DOI: 10.1038/nrn3820.

Bent, S., «Herbal medicine in the United States: review of efficacy, safety, and regulation», *J Gen Intern Med.* 2008; 23(6):854-859. doi:10.1007/s11606-008-0632.

Bischoff-Ferrari, H. A, Dawson-Hughes, B., Willett, W. C., Staehelin, H. B., Bazemore, M. G. y Wong, J. B., «Effect of Vitamin D on falls: a meta-analysis», *JAMA.* 2004; 291(16):1999-2006. DOI: 10.1001/jama.291.16.1999.

Bischoff-Ferrari, H. A., Willett, W. C., Manson, J. E., Dawson-Hughes, B., Manz, M. G., Theiler, R., *et al.*, «Combined Vitamin D, Omega-3 Fatty Acids, and a Simple Home Exercise Program May Reduce Cancer Risk Among Active Adults Aged 70 and Older: A Randomized Clinical Trial», *Front Aging.* 2022; 3:852643. DOI: 10.3389/fragi.2022.852643.

Bjelakovic, G., Nikolova, D., Gluud, L. L., Simonetti, R. G. y Gluud, C. «Antioxidant supplements for prevention of mortality in healthy participants and patients with various diseases», *Cochrane Database Syst Rev.* 2012; (3). DOI: 10.1002/14651858.CD007176.pub2.

Block, K. I., Koch, A. C., Mead, M. N., Tothy, P. K., Newman, R. A. y Gyllenhaal, C. «Impact of antioxidant supplementation on chemotherapeutic efficacy: a systematic review of the evidence from randomized controlled trials», *Cancer Treat Rev*. 2007; 33(5):407-418. DOI: 10.1016/j.ctrv.2007.01.005.

Booth, F. W., Roberts, C. K. y Laye, M. J., «Lack of exercise is a major cause of chronic diseases», *Compr Physiol*. 2012; 2(2):1143-1211. DOI: 10.1002/cphy.c110025.

Boyle, N. B., Lawton, C. y Dye, L., «The effects of magnesium supplementation on subjective anxiety and stress — A systematic review», *Nutrients*. 2017; 9(11):1183. DOI: 10.3390/nu9111183.

Buettner, D. y Skemp, S., «Blue Zones: Lessons from the world's longest lived», *Am J Lifestyle Med*. 2016; 10(5):318-321. DOI: 10.1177/1559827616637066.

Cardinali, D. P., Brusco, L. I., Pérez Lloret, S. y Furio, A. M., «Melatonin in sleep disorders and jet-lag», *Neuroendocrinology*. 2002; 86(3):191-8. DOI: 10.1159/000052699.

Carding, S., Verbeke, K., Vipond, D. T., Corfe, B. M. y Owen, L. J., «Dysbiosis of the gut microbiota in disease», *Microb Ecol Health Dis*. 2015; 26:26191. DOI: 10.3402/mehd.v26.26191.

Chandler, P. D., Chen, W. Y., Ajala, O. N., Hazra, A., Cook, N., Bubes, V., *et al.*, «Effect of Vitamin D3 Supplements on Development of Advanced Cancer: A Secondary Analysis of the VITAL Randomized Clinical Trial», *JAMA Netw Open*. 2020; 3(11):e2025850. DOI: 10.1001/jamanetworkopen.2020.25850.

Chaput, J. P., Dutil, C. y Sampasa-Kanyinga, H., «Sleeping hours: what is the ideal number and how does age impact this?», *Nat Sci Sleep*. 2018; 10:421-430. DOI: 10.2147/NSS.S163071.

Chen, Y. M., Ho, S. C. y Lam, S. S., «Soy isoflavones have a favorable effect on bone loss in Chinese postmenopausal women with lower bone mass: a 2-year randomized controlled trial», *J Clin Endocrinol Metab*. 2003; 88(11):4740-4747. DOI: 10.1210/jc.2003-0302390.

Cohen, S., Janicki-Deverts, D. y Miller, G. E., «Psychological stress and disease», *JAMA*. 2007; 298(14):1685-1687. DOI: 10.1001/jama.298.14.1685.

Consejo General de la Psicología de España, «Un 59% de españoles dice sufrir estrés, un 48% depresión y un 23% ansiedad». [Internet]. [Consultado 11 Nov 2025]. Disponible en: https://www.infocop.es/un-59-de-espanoles-dice-sufrir-estres-un-48-depresion-y-un-23-ansiedad/.

Coulter, I. D., Khorsan, R., Crawford, C. y Hsiao, A. F., «Integrative health care under review: an emerging field», *J Manipulative Physiol Ther*. 2010; 33(9):690-710. DOI: 10.1016/j.jmpt.2010.08.007.

Dawda, P., «Integrated healthcare: the past, present and future», *Integr Healthc J*. 2019; 1(1):e000001. DOI: 10.1136/ihj-2019-000001.

De-Regil, L. M., Fernández-Gaxiola, A. C., Dowswell, T. y Peña-Rosas, J. P., «Effects and safety of periconceptional folate supplementation for preventing birth defects», *Cochrane Database Syst Rev*. 2015; (12):CD007950. DOI: 10.1002/14651858.CD007950.pub3.

Dewey, K. G. y Chaparro, C. M., «Session 4: Mineral metabolism and body composition iron status of breast-fed infants», *Proc Nutr Soc*. 2007; 66(3):412-422. DOI: 10.1017/S0029665107005712.

Dickinson, A. y Mackay, D., «Health habits and other characteristics of dietary supplement users: A review», *Nutr J*. 2014; 13:14. DOI: 10.1186/1475-2891-13-14.

Dinkova-Kostova, A. T. y Kostov, R. V., «Glucosinolates and isothiocyanates in health and disease», *Trends Mol Med*. 2012; 18(6):337-347. DOI: 10.1016/j.molmed.2012.04.003.

Estruch, R., Ros, E., Salas-Salvadó, J., Covas, M-I., Corella, D., Arós, F., *et al.*, «Primary prevention of cardiovascular disease with a Mediterranean diet», *N Engl J Med*. 2013; 368(14):1279-1290. DOI: 10.1056/NEJMoa1200303.

Eurostat, «Self-perceived health statistics». [Internet]. [Consultado 14 Nov 2025]. Disponible en: https://ec.europa.eu/eurostat/statistics-explained/index.php?title=Self-perceived_health_statistics.

Eyles, D. W., Burne, T. H. y McGrath, J. J., «Vitamin D, effects on brain development, adult brain function and the links between low levels of vitamin D and neuropsychiatric disease», *Front Neuroendocrinol*. 2013; 34(1):47-64. DOI: 10.1016/j.yfrne.2012.07.001.

FAO, *Human Vitamin and Mineral Requirements. Report of a Joint FAO/WHO Expert Consultation*, FAO/WHO, 2002.

Fearon, K. C., Barber, M. D., Moses, A. G., Ahmedzai, S. H., Taylor, G. S., Tisdale, M. J., *et al.*, «Double-blind, placebo-controlled, randomized study of eicosapentaenoic acid diester in patients with cancer cachexia», *J Clin Oncol.* 2006; 24(21):3401-3407. DOI: 10.1200/JCO.2005.04.5724.

Ford, A. C., Harris, L. A., Lacy, B. E., Quigley, E. M. M. y Moayyedi, P., «Systematic review with meta-analysis: The efficacy of prebiotics, probiotics, synbiotics and antibiotics in irritable bowel syndrome», *Aliment Pharmacol Ther.* 2018; 48(10):1044-1060. DOI: 10.1111/apt.14969.

Forman, H. J., Zhang, H. y Rinna, A., «Glutathione: Overview of its protective roles, measurement, and biosynthesis», *Mol Aspects Med.* 2009; 30(1-2):1-12. DOI: 10.1016/j.mam.2008.08.006.

Fortmann, S. P., Burda, B. U., Senger, C. A., Lin, J. S. y Whitlock, E. P., «Vitamin and mineral supplements in the primary prevention of cardiovascular disease and cancer: An updated systematic evidence review for the US Preventive Services Task Force», *Ann Intern Med.* 2013; 159(12):824-834. DOI: 10.7326/0003-4819-159-12-201312170-00729.

Franco, O. H., Chowdhury, R., Troup, J., Voortman, T., Kunutsor, S., Kavousi, M., *et al.*, «Use of plant-based therapies and menopausal symptoms: A systematic review and meta-analysis», *JAMA.* 2016; 316(19):2143-2154. DOI: 10.1001/jama.2016.16443.

Gannotta, R., Malik, S., Chan, A. Y., Urgun, K., Hsu, F. y Vadera, S., *Integrative Medicine as a Vital Component of Patient Care.* 2018; 10(8):e3098. DOI: 10.7759/cureus.3098.

Garrido-Maraver, J., Cordero, M. D., Oropesa-Ávila, M., Fernández Vega, A., de la Mata, M., Delgado Pavón, A., *et al.*, «Coenzyme Q10 therapy», *Mol Syndromol.* 2014; 5(3-4):187-197. DOI: 10.1159/000360101.

Geller, A. I., Shehab, N., Weidle, N. J., Lovegrove, M. C., Wolpert, B. K., Timbo, B. B., *et al.*, «Emergency department visits for adverse events related to dietary supplements», *N Engl J Med*. 2015; 373(16):1531-1540. DOI: 10.1056/NEJMsa1504267.

Gibson, G. R., Hutkins, R., Sanders, M. E., Prescott, S. L., Reimer, R. A., Salminen, S., *et al.*, «The International Scientific Association for Probiotics and Prebiotics (ISAPP) consensus statement on the definition and scope of prebiotics», *Nat Rev Gastroenterol Hepatol*. 2017; 14(8):491-502. DOI: 10.1038/nrgastro.2017.75.

Grgic, J., Trexler, E. T., Lazinica, B. y Pedisic, Z., «Effects of caffeine intake on muscle strength and power: A systematic review and meta-analysis», *J Int Soc Sports Nutr*. 2018; 15:11. DOI: 10.1186/s12970-018-0200-0.

Gröber, U., Schmidt, J. y Kisters, K., «Magnesium in prevention and therapy», *Nutrients*. 2015; 7(9):8199-8226. DOI: 10.3390/nu7095388.

Grosso, G., Galvano, F., Marventano, S., Malaguarnera, M., Bucolo, C., Drago, F., *et al.*, «Omega-3 fatty acids and depression: Scientific evidence and biological mechanisms», *Oxid Med Cell Longev*. 2014; 2014:313570. DOI: 10.1155/2014/313570.

Gualano, B., Salles Painneli, V., Roschel, H., Fiannini Artioli, G., Neves Jr, M., De Sá Pinto, A. L., *et al.*, «Creatine in type 2 diabetes: A randomized, double-blind, placebo-controlled trial», *Med Sci Sports Exerc*. 2011; 43(5):770-8. DOI: 10.1249/MSS.0b013e3181fcee7d.

Guo, Q., Goldenberg, J. Z., Humphrey, C., El Dib, R. y Johnston, B., «Probiotics for the prevention of pediatric antibiotic-associated diarrhea», *Cochrane*

Database Syst Rev. 2015; (12):CD004827. DOI: 10.1002/14651858.CD004827.pub4.

HAMMOND, CLAUDIA, *El arte del descanso*, Córdoba, Almuzara, 2024.

HARRIS, K. J., «An Integrative Approach to Health», *Demography*. 2010; 47(1):1-22. DOI: 10.1353/dem.0.0091.

HAUN, J. N., ALMAN, A. C., JEAN-BAPTISTE, E., MELILLO, C., MCMAHON-GRENZ, J. Y PAYKEL, J. M., «Delivery of complementary and integrative health using virtual health resources: A scoping review», *J Integr Complement Med*. 2022; 28(11):851-861. DOI: 10.1089/jicm.2021.0458.

HAWKINSON, K., «Woman nearly dies after taking dangerous amount of popular supplement: 'I was very, very, very scared'». [Internet]. [Consultado 13 Nov 2025]. Disponible en: https://www.yahoo.com/news/jersey-woman-nearly-dies-taking-220314220.html.

HIGDON, J. V. Y FREI, B., «Objections to recommending antioxidant supplements: Why most antioxidant trials have failed», *Free Radic Biol Med*. 2003; 34(9):1209-1212. DOI: 10.1016/S0891-5849(03)00116-6.

HILL, C., GUARNER, F., REID, G., GIBSON, G. R., MERENSTEIN, D. J., POT, B., *ET AL.*, «The International Scientific Association for Probiotics and Prebiotics consensus statement on probiotics», *Nat Rev Gastroenterol Hepatol*. 2014; 11(8):506-514. DOI: 10.1038/nrgastro.2014.66.

HOLICK, M. F., BINKLEY, N., BISCHOFF-FERRARI, H. A., GORDON, C. M., HANLEY, D. A., HEANEY, R. P., *ET AL.*, «Evaluation, treatment, and prevention of vitamin D Deficiency: An endocrine society clinical practice guideline», *J Clin Endocrinol Metab*. 2011; 96(7):1911-1930. DOI: 10.1210/jc.2011-0385.

Holt-Lunstad, J., Smith, T. B. y Layton, J. B., «Social relationships and mortality risk: A meta-analytic review», *PLoS Med*. 2010; 7(7):e1000316. DOI: 10.1371/journal.pmed.1000316.

Izzo, A. A. y Ernst, E., «Interactions between herbal medicines and prescribed drugs: A systematic review», *Drugs*. 2009; 69(13):1777-1798. DOI: 10.2165/11317010-000000000-00000.

Jacobs, E. T., Kohler, L. N., Kunihiro, A. G. y Jurutka, P. W., «Vitamin D and colorectal, breast, and prostate cancers: A review of the epidemiological evidence», *J Cancer*. 2016; 7(3):232-240. DOI: 10.7150/jca.13090.

JoAnn, E., Manson, J. E., Cook, N. R., Lee, I-M., Christen, W., Bassuk, S. S., *et al.*, «Vitamin D supplements and prevention of cancer and cardiovascular disease», *N Engl J Med*. 2019; 380(1):33-44. DOI: 10.1056/NEJMoa1809944.

Kania-Richmond, A. y Metcalfe, A., «Integrative health care — What are the relevant health outcomes from a practice perspective?», *BMC Complement Altern Med*. 2017; 17:548. DOI: 10.1186/s12906-017-2041-4.

Kantor, E. D., Rehm, C. D., Du, M., White, E. y Giovannucci, E. L., «Trends in dietary supplement use among US adults from 1999-2012», *JAMA*. 2016; 316(14):1464-1474. DOI: 10.1001/jama.2016.14403.

Kennedy, D. O., «B Vitamins and the brain: mechanisms, dose and efficacy — A review», *Nutrients*. 2016; 8(2):68. DOI: 10.3390/nu8020068.

Keum, N. y Giovannucci, E., «Vitamin D supplements and cancer incidence and mortality: A meta-analysis», *Br J Cancer*. 2014; 111(5):976-980. DOI: 10.1038/bjc.2014.294.

Kidd, P. M., «Phosphatidylserine: Membrane nutrient for memory», *J Clin Biochem Nutr*. 2008; 42(1):9-19. DOI: 10.3164/jcbn.2008035.

Kimmie, N. G., Nimeiri, H. S., McCleary, N. J., Abrams, T. A., Yurgelun, M. B., Cleary, J. M., *et al.*, «SUNSHINE: Randomized double-blind phase II trial of vitamin D supplementation in patients with previously untreated metastatic colorectal cancer», *J Clin Oncol*. 2017; 35(15): 3506-3506. DOI: 10.1200/JCO.2017.35.15.

Klein A. V. y Kiat, H., «Detox diets for toxin elimination and weight management: A critical review of the evidence», *J Hum Nutr Diet*. 2015; 28(6):675-686. DOI: 10.1111/jhn.12286.

Koh, A., De Vadder, F., Kovatcheva-Datchary, P. y Bäckhed, F., «From dietary fiber to host physiology: short-chain fatty acids as key bacterial metabolites», *Cell*. 2016; 165(6):1332-1345. DOI: 10.1016/j.cell.2016.05.041.

Kunnumakkara, A. B., Bordoloi, D., Harsha, C., Banik, K., Gupta, S. C. y Aggarwal, B. B., «Curcumin mediates anticancer effects by modulating multiple cell signaling pathways», *Clin Sci (Lond)*. 2017; 131(15):1781-1799. DOI: 10.1042/CS20160935.

Kwa, M., Plottel, C. S., Blaser, M. J. y Adams, S., «The intestinal microbiome and estrogen receptor-positive female breast cancer», *J Natl Cancer Inst*. 2016; 108(8):djw029. DOI: 10.1093/jnci/djw029.

Lassi, Z. S., Salam, R. A., Haider, B. A. y Bhutta, Z. A., «Folic acid supplementation during pregnancy for maternal health and pregnancy outcomes», *Cochrane Database Syst Rev*. 2013; (3):CD006896. DOI: 10.1002/14651858.CD006896.pub2.

Lear, S. A., Hu, W., Rangarajan, S., Gasevic, D., Leong, D., Iqbal, R., *et al.*, «The effect of physical activity on mortality and cardiovascular disease in 130,000 people from 17 high-income, middle-income, and low-income countries: The PURE study», *Lancet*. 2017; 390(10113):2643-2654. DOI: 10.1016/S0140-6736(17)31634-3.

Li, Y., Zhang, T., Li, X., Zou, P., Schwartz, S. J., Sun, D., *et al.*, «Sulforaphane, a dietary component of broccoli/broccoli sprouts, inhibits breast cancer stem cells», *Clin Cancer Res*. 2010; 16(9):2580-2590. DOI: 10.1158/1078-0432.CCR-09-2937.

Lissoni, P., Barni, S., Mandalà, M., Ardizzoia, A., Paolorossi, F., Vaghi, M., *et al.* «Decreased toxicity and increased efficacy of cancer chemotherapy using the pineal hormone melatonin in metastatic solid tumour patients with poor clinical status». *Eur J Cancer*. 1999; 35(12):1688-92. DOI: 10.1016/s0959-8049(99)00159-8.

López-Lluch, G. y Rodríguez-Aguilera, J. C., «Energetic and antioxidant effects of coenzyme Q10 supplementation in aging and physical performance», *Mol Biotechnol*. 2010; 44(2):274-80. DOI: 10.1007/s12033-009-9238-6.

Lushchak, V. I., «Free radicals, reactive oxygen species, oxidative stress and its classification», *Chem Biol Interact*. 2014; 224:164-175. DOI: 10.1016/j.cbi.2014.10.016.

Lynch, S. V. y Pedersen, O., «The human intestinal microbiome in health and disease», *N Engl J Med*. 2016; 375(24):2369-2379. DOI: 10.1056/NEJMra1600266.

Martín, Á., *Por si las voces vuelven*, Barcelona, Planeta, 2021.

Maughan, R. J., Burke, L. M., Dvorak, J., Larson-Meyer, D. E., Peeling, P., Phillips, S. M., *et al.*, «IOC consensus statement: dietary supplements and the high-performance athlete», *Br J Sports Med*. 2018; 52(7):439-455. DOI: 10.1136/bjsports-2018-099027.

McMahon, N. F., Leveritt, M. D. y Pavey, T. G., «The effect of nitrate supplementation on endurance performance in healthy adults: A systematic review and meta-analysis», *Int J Sport Nutr Exerc Metab*. 2017; 27(1):54-67. DOI: 10.1123/ijsnem.2016-0149.

Molfino, A., Amabile, M. I., Monti, M. y Muscaritoli, M., «Omega-3 polyunsaturated fatty acids in critical illness: Anti-inflammatory, proresolving, or immunomodulating agents?», *Oxid Med Cell Longev*. 2017; 2017:5987082. DOI: 10.1155/2017/5987082.

Morais, L. H., Schreiber, H. L. y Mazmanian, S. K., «The gut microbiota-brain axis in behaviour and brain disorders», *Nat Rev Microbiol*. 2021; 19(4):241-255. DOI: 10.1038/s41579-020-00460-0.

Morton, R. W., Murphy, K. T., McKellar, S. R., Schoenfeld, B. J., Henselmans, M., Helms, E., *et al.*, «A systematic review, meta-analysis and meta-regression of the effect of protein supplementation on resistance training-induced gains in muscle mass and strength in healthy adults», *Br J Sports Med*. 2018; 52(6):376-384. DOI: 10.1136/bjsports-2017-097608.

Murphy, R. A., Mourtzakis, M. y Mazurak, V. C., «N-3 polyunsaturated fatty acids and protein metabolism in cancer», *Br J Nutr*. 2012; 107 Suppl 2:S23-32. DOI: 10.1017/S0007114512001531.

Navarro, V. J., Khan, I., Björnsson, E., Seeff, L. B., Serrano, J. y Hoofnagle, J. H., «Liver injury from herbal and dietary supplements», *Hepatology*. 2017; 65(1):363-373. DOI: 10.1002/hep.28813.

North American Menopause Society, «The 2022 hormone therapy position statement of The North American Menopause Society», *Menopause*. 2022; 29(7):767-794. DOI: 10.1097/GME.0000000000002028.

O'Leary, F. y Samman, S., «Vitamin B12 in health and disease», *Nutrients*. 2010; 2(3):299-316. DOI: 10.3390/nu2030299.

Pires, L. B. C., Salaroli, L. B., Podesta, O. P. G., Haraguchi, F. K. y Lopes-Júnior, L.C. «Omega-3 Supplementation and Nutritional Status in Patients with Pancreatic Neoplasms: A Systematic Review», *Nutrients*. 2024; 16(23):4036. DOI: 10.3390/nu16234036.

Pizzino, G., Irrera, N., Cucinotta, M., Pallio, G., Mannino, F., Arcoraci, V., *et al.*, «Oxidative stress: Harms and benefits for human health», *Oxid Med Cell Longev*. 2017; 2017:8416763. DOI: 10.1155/2017/8416763.

Pooyandjoo, M., Nouhi, M., Shab-Bidar, S., Djafarian, K. y Olyaeemanesh, A., «The effect of (L-) carnitine on weight loss in adults: A systematic review and meta-analysis of randomized controlled trials», *Obes Rev*. 2016; 17(10):970-976. DOI: 10.1111/obr.12436.

Redman, M. G., Ward, E. J. y Phillips, R. S., «The efficacy and safety of probiotics in people with cancer:

A systematic review», *Ann Oncol*. 2014; 25(9):1919-1929. DOI: 10.1093/annonc/mdu106.

ROWLAND, I., GIBSON, G., HEINKEN, A., SCOTT, K., SWANN, J., THIELE, I., *ET AL.*, «Gut microbiota functions: Metabolism of nutrients and other food components», *Eur J Nutr*. 2018; 57(1):1-24. DOI: 10.1007/s00394-017-1445-8.

SAHOO, S. Y MANCHIKANTI, P., «Dietary supplements and nutraceuticals market: Global trends and regulatory framework», *Expert Rev Clin Pharmacol*. 2021; 14(10):1285-1296. DOI: 10.1080/17512433.2021.1987226.

SCALBERT, A., MANACH, C., MORAND, C., RÉMÉSY, C. Y JIMÉNEZ, L., «Dietary polyphenols and the prevention of diseases», *Crit Rev Food Sci Nutr*. 2005; 45(4):287-306. DOI: 10.1080/1040869059096.

SCHWINGSHACKL, L., SCHWEDHELM, C., HOFFMANN, G., LAMPOUSI A-M., KNÜPPEL, S., IQBAL, K., *ET AL.*, «Food groups and risk of all-cause mortality: A systematic review and meta-analysis of prospective studies», *Am J Clin Nutr*. 2017; 105(6):1462-1473. DOI: 10.3945/ajcn.117.153148.

SCHWINGSHACKL, L., MORZE, J. Y HOFFMANN, G., «Mediterranean diet and health status: Active ingredients and pharmacological mechanisms», *Br J Pharmacol*. 2020; 177(6):1241-1257. DOI: 10.1111/bph.14778.

SEELY, D., WU, P., FRITZ, H., KENNEDY, D. A., TSUI, T., SEELY, A. J. E., *ET AL.*, «Melatonin as adjuvant cancer care with and without chemotherapy: A systematic review and meta-analysis of randomized trials», *Integr Cancer Ther*. 2012; 11(4):293-303. DOI: 10.1177/1534735411436194.

Seetharaman, M., Krishnan, G.y Schneider, R. H., «The Future of Medicine: Frontiers in Integrative Health and More», *Medicina (Kaunas).* 2021; 57(12):1303. DOI: 10.3390/medicina57121303.

Siegel, D., y Payne Bryson, T., *El cerebro del niño*, Barcelona, Alba, 2016.

Singh, K., Connors, S. L., Macklin, E. A., Smith, K. D., Fahey, J. W., Talalay, P., *et al.*, «Sulforaphane treatment of autism spectrum disorder (ASD)», *Proc Natl Acad Sci USA*. 2014; 111(43):15550-15555. DOI: 10.1073/pnas.1416940111.

Slutsky, I., Abumaria, N., Wu, L-J., Huang, C., Zhang, L., Li, B., *et al.*, «Enhancement of learning and memory by elevating brain magnesium», *Neuron*. 2010; 65(2):165-177. DOI: 10.1016/j.neuron.2009.12.026.

Smith, A. D. y Refsum, H., «Homocysteine, B vitamins, and cognitive impairment», *Annu Rev Nutr*. 2016; 36:211-239. DOI: 10.1146/annurev-nutr-071715-050947.

Spencer, J. P., «Flavonoids: Modulators of brain function?», *Br J Nutr*. 2008; 99 E Suppl 1:ES60-77. DOI: 10.1017/S0007114508965776.

Teschke, R., Bahre, R., Fuchs, J. y Wolff, A., «Black cohosh hepatotoxicity: Quantitative causality evaluation in nine suspected cases», *Menopause*. 2009; 16(5):956-65. DOI: 10.1097/GME.0b013e31819d3904.

Thursby, E. y Juge, N., «Introduction to the human gut microbiota», *Biochem J*. 2017; 474(11):1823-1836. DOI: 10.1042/BCJ20160510.

Trexler, E. T, Smith-Ryan, A. E., Stout, J. R., Hoffman, J. R., Wilborn, C. D., Sale, C., *et al.*, «International Society of Sports Nutrition position stand:

Beta-Alanine», *J Int Soc Sports Nutr*. 2015; 12:30. DOI: 10.1186/s12970-015-0090-y.

Valko, M., Leibfritz, D., Moncol, J., Cronin, M. T., Mazur, M. y Telser, J., «Free radicals and antioxidants in normal physiological functions and human disease», *Int J Biochem Cell Biol*. 2007; 39(1):44-84. DOI: 10.1016/j.biocel.2006.07.001.

Wallace, C. J., y Milev, R., «The effects of probiotics on depressive symptoms in humans: A systematic review», *Ann Gen Psychiatry*. 2017; 16:14. DOI: 10.1186/s12991-017-0138-2.

Weaver, C. M., Alexander, D. D., Boushey, C. J., Dawson-Hughes, B., Lappe, J. M., LeBoff, M. S., *et al.*, «Calcium plus vitamin D supplementation and risk of fractures: An updated meta-analysis», *Osteoporos Int*. 2016; 27(1):367-376. DOI: 10.1007/s00198-015-3386-5.

Wegh, C. A. M., Geerlings, S. Y., Knol, J., Roeselers, G. y Belzer, C., «Postbiotics and their potential applications in early life nutrition and beyond», *Int J Mol Sci*. 2019; 20(19):4673. DOI: 10.3390/ijms20194673.

World Health Organization, *Global status report on noncommunicable diseases 2014*, Suiza, WHO, 2014.

—, *Healthy Diet. WHO Fact Sheet*, Suiza, WHO, 2020.

—, «From cradle to cane: WHO's new European Health Report warns of lifelong health crises across the Region». [Internet]. [Consultado 17 Nov 2025]. Disponible en: https://www.who.int/europe/news/item/25-02-2025-from-cradle-to-cane--who-s-new-european-health-report-warns-of-lifelong-health-crises-across-the-region?utm.

Yurko-Mauro, K., McCarthy, D., Rom, D., Nelswon, E. B., Ryan, A. S., Blackwell, A., *et al.*, «Beneficial effects of docosahexaenoic acid on cognition in age-related cognitive decline», *Alzheimers Dement.* 2010; 6(6):456-464. DOI: 10.1016/j.jalz.2010.01.013.

Zimmermann, M. B., «Iodine deficiency», *Endocr Rev.* 2009; 30(4):376-408. DOI: 10.1210/er.2009-0011.